J.-M. BLEUX
J.-L. FANCHON
sous la direction de
J.-P. HERVÉ

ÉTAPES

MÉMENTO

Automatismes industriels

NATHAN

Sommaire

Avant-propos

Ce manuel de la collection « Étapes » se place à la suite des deux précédents ouvrages traitant les systèmes hydrauliques et pneumatiques industriels. Il aborde essentiellement la Partie Commande des systèmes automatisés, alors que les deux précédents ouvrages traitaient plus particulièrement de la partie puissance, des composants, de la technologie et des utilisations qui s'en suivent.

Dans cet ouvrage, sont abordés les différents « automatismes » qui régissent les Systèmes Automatisés de Production. Les technologies actuelles sont étudiées progressivement et sont illustrées de nombreuses applications que l'on retrouve dans les principaux secteurs d'activités du monde industriel comme : le conditionnement, l'usinage sur plateau circulaire...

Les applications, simples ou complexes, sont facilement réalisables avec du matériel courant et classique, sans tenir compte de la marque ou du langage. À chacun de l'adapter à son matériel.

À la fin du manuel, l'utilisateur trouvera une solution de programmation attrayante et très conviviale des automates courants, actuellement sur le marché. Ce logiciel édité par les sociétés IRAI pour la partie informatique et DÉCA pour la partie électronique (coordonnées et description en fin de manuel), est un outil unique de programmation de la plupart des automates actuels largement utilisés soit dans le milieu industriel, soit dans l'Éducation nationale, tels le Cégélec C 50 ou C 100, la gamme TSX ou encore les automates Festo, Siemens...

L'Auteur

1 GÉNÉRALITÉS SUR LES SYSTÈMES

1 Objectifs

Ce chapitre permet :
- de comprendre la structure d'un système automatisé de production (SAP) ;
- de définir les différentes parties de ce système.

2 Définition d'un système automatisé

Un système de production est dit automatisé, lorsqu'il peut gérer de manière autonome un cycle de travail préétabli qui se décompose en séquences ou étapes.

3 Structure générale d'un système automatisé

Les systèmes automatisés utilisés dans le secteur industriel, possèdent une structure de base identique.
Ils sont constitués de plusieurs parties plus ou moins complexes reliées entre elles que l'on nomme :
- partie opérative (PO) ;
- partie commande (PC) ;
- partie relation (pupitre de dialogue) [PR].

Fig. 1 **Exemple de système automatisé industriel.** Machine à percer multibroches.

(Document Joucomatic.)

4 Description des différentes parties

La partie opérative (PO)

C'est la partie visible du système. Elle comporte les éléments mécaniques du mécanisme avec :

- *des préactionneurs* (distributeurs-contacteurs), lesquels reçoivent des ordres de la partie commande ;
- *des actionneurs* (vérins-moteurs) qui ont pour rôle d'exécuter ces ordres. Ils transforment l'énergie pneumatique (air comprimé), hydraulique (huile sous pression) ou électrique en énergie mécanique.

Ils se présentent sous différentes formes comme :
- moteurs : hydrauliques, pneumatiques, électriques,
- vérins : linéaires (1 ou 2 tiges) rotatifs, sans tige ;

- *d'une détection* (capteurs) qui informe la partie commande de l'exécution du travail.

Ils existent sous différents types comme :
- capteurs mécaniques pneumatiques ou électriques,
- capteurs magnétiques montés sur les vérins,
- capteurs pneumatiques à chute de pression.

Dans un SAP, ce secteur représente le service de surveillance et de renseignement du mécanisme. Il contrôle, mesure, surveille et informe la PC sur l'évolution du système.

La partie commande (PC)

Ce secteur de l'automatisme gère dans une suite logique le déroulement ordonné des opérations à réaliser. Il reçoit des informations en provenance des capteurs situés dans la PO, et les restitue vers cette même PO en direction des préactionneurs (distributeurs).
L'outil de description s'appelle GRAFCET (Graphe de Commande Étape et Transition).

La partie Relation (PR)

Sa complexité et sa taille dépendent de l'importance du système. Il regroupe les différentes commandes nécessaires au bon fonctionnement du procédé : marche-arrêt, arrêt d'urgence, marche automatique, marche cycle/cycle...
L'outil de description s'appelle « GEMMA » (Guide d'Étude des Modes de Marches et d'Arrêts).
Ces outils graphiques (GRAFCET et GEMMA) sont utilisés également par les techniciens de maintenance, pour la recherche des pannes sur les SAP (fig. 2).

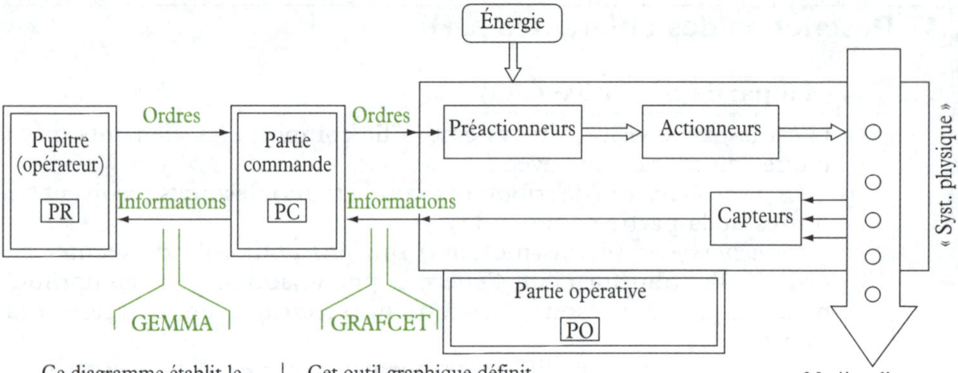

Ce diagramme établit le dialogue entre l'opérateur et la machine. Il définit les modes de marches et d'arrêts.

Cet outil graphique définit le dialogue entre la PO et la PC. Il décrit le fonctionnement ordonné du SAP.

Fig. 2

Pendant le fonctionnement, un dialogue continu s'établit entre les trois secteurs du système, permettant ainsi le déroulement correct du cycle défini dans le cahier des charges.

5 Formes commerciales des composants

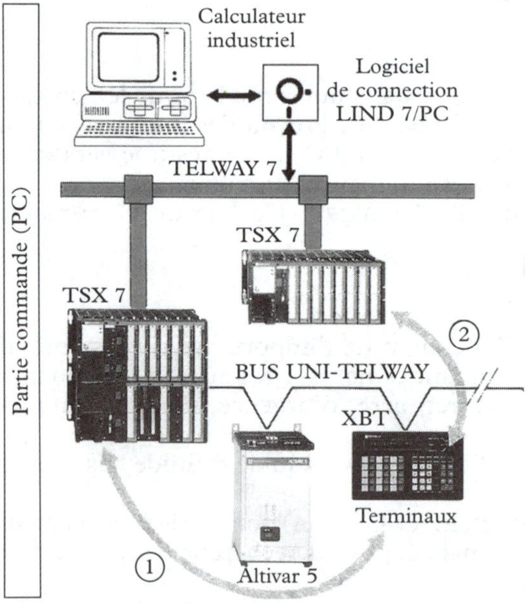

UNI-TELWAY
Bus industriel avec protocole de communication UNI-TE.

Liaisons
- Série asynchrone RS 485.
- Les paramètres de ligne sont fixés.

Fonctionnement
- Le coupleur SCM de l'automate TSX7 gère les échanges sur le bus UNI-TELWAY de façon totalement transparente pour l'utilisateur.
- Les terminaux XBT communiquent avec un TSX7 local ① ou distant ② via UNI-TELWAY, leur utilisation est semblable à celle du mode réglage.

Fig. 3

Fig. 4

Partie opérative (PO)

Actionneurs

Vérins linéaires (2)

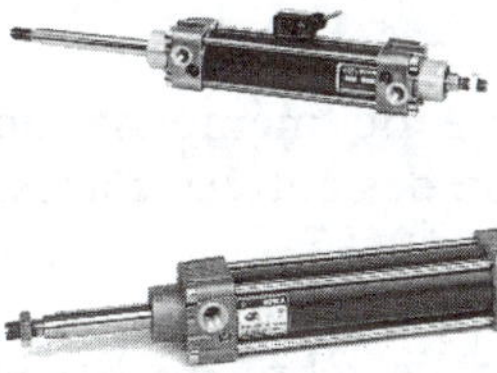

Vérin rotatif (1)

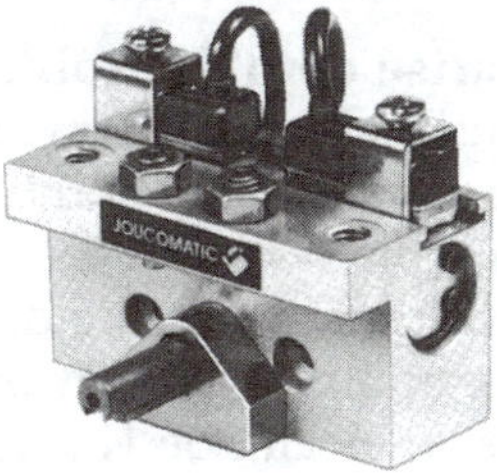

Moteur hydraulique (2)

Moteur électrique

Vérin sans tige (1)

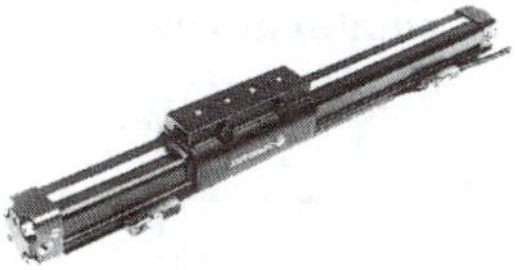

Préactionneurs

Distributeurs PN (2)

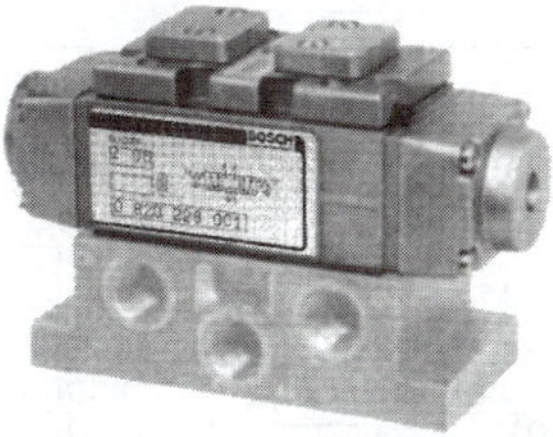

Distributeur élect. PN (2)

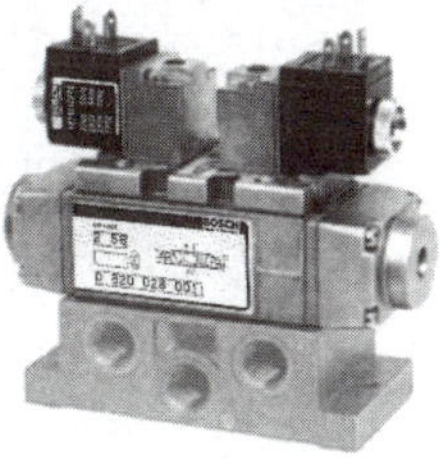

Contacteurs

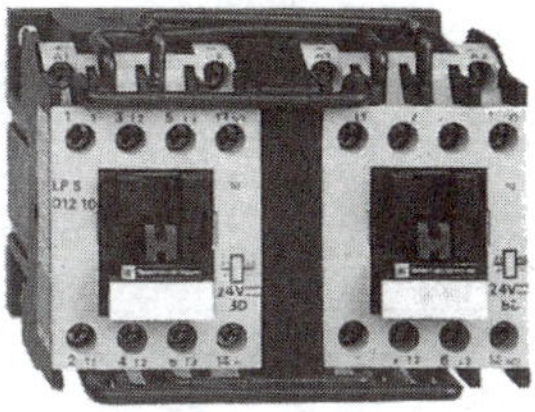

Détection

Capteurs PN (2)

Détecteur de proximité (1)

Cellule opto-électronique (1)

Détecteur magnétique (2)

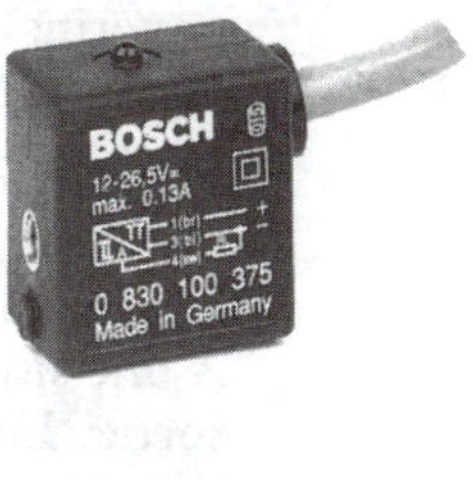

Source
(1) Crouzet
(2) CPOAC/Bosch

6 Étude des différentes possibilités de commande

Il existe sur les SAP différents types de commandes.

Système automatisé combinatoire

Ces systèmes n'utilisent aucun mécanisme de mémorisation (ils n'ont pas de mémoire) et à une combinaison des entrées correspond une seule combinaison des sorties.
La logique associée est appelée logique combinatoire.
Les outils utilisés pour les concevoir sont l'algèbre de Boole, les tables de vérité, les tableaux de Karnaugh.

Exemple de système fonctionnant en combinatoire

Fig. 5

Si la présence d'objet à transférer est détectée par le capteur «p», alors le vérin-poussoir P entrera en fonction si l'opérateur du poste 1, ou celui du poste 2, appuie sur le bouton-poussoir correspondant (BP1 ou BP2).

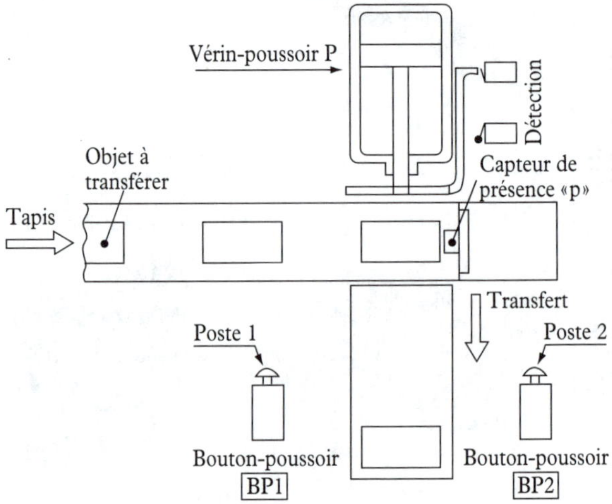

Les systèmes automatisés utilisant la technique du « combinatoire » sont aujourd'hui très peu utilisés. Ils peuvent encore se concevoir sur des mécanismes simples où le nombre d'actions à effectuer est limité (2 vérins). Ils présentent en outre l'avantage de n'utiliser que très peu de composants (vérins, distributeurs, capteurs, cellules).

Système automatisé séquentiel

Ces systèmes sont les plus répandus sur le plan industriel. Le déroulement du cycle s'effectue étape par étape.
À une situation des entrées peut correspondre plusieurs situations de sortie. La sélection d'une étape ou d'une autre dépend de la situation antérieure du dispositif.
La logique associée est appelée « logique séquentielle ».

Elle peut être :
- avec commande pneumatique : logique câblée ;
- avec commande électrique : logique programmée.

Fig. 6

Le système place les objets côte à côte 3 par 3, sur un tapis d'évacuation 2. Ainsi placés, les objets sont emmenés vers un dispositif de conditionnement sous film plastique rétractable.

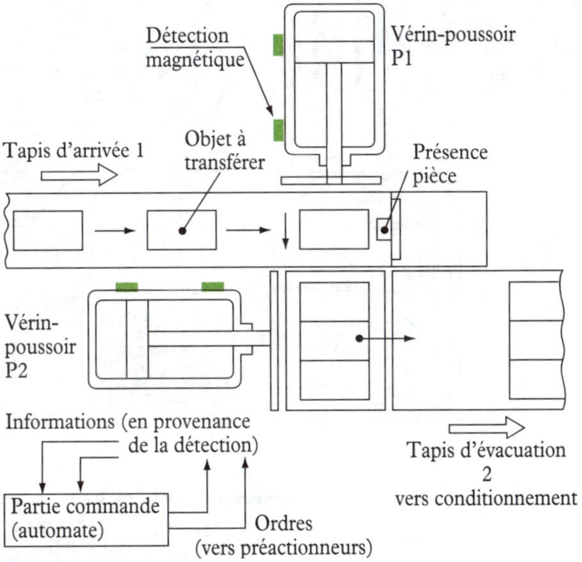

La logique programmée

La source d'énergie est électrique. L'élément principal s'appelle « Automate Programmable Industriel » (API). La détection est électrique, le pilotage des distributeurs se fait par un interface appelé « électrovanne ». Il existe sur le marché de nombreuses marques d'automates. Ils utilisent des langages de programmation qui sont propres à leurs marques et souvent incompatibles.

Exemple : Télémécanique → PL7.2 - PL7.3,
Cégélec → PR100.

La programmation se fait soit à partir d'une console propre à la marque, soit à partir d'un micro-ordinateur avec programme installé sur le disque dur.

Forme commerciale

Automate Télémécanique TSX 17/20

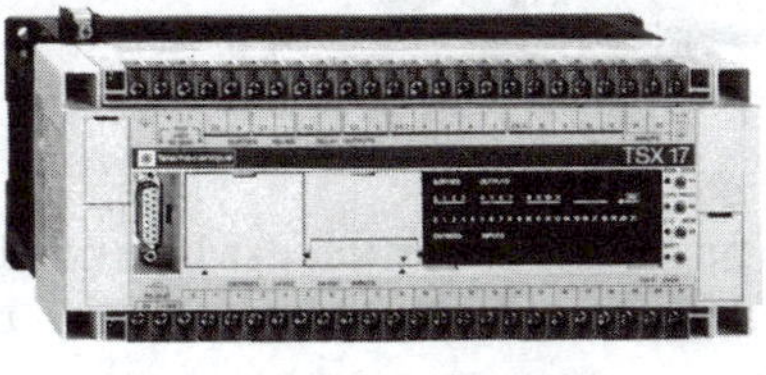

Automate Joucomatic

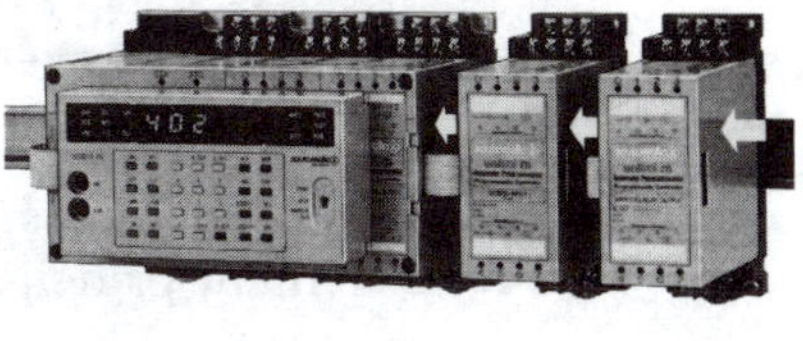

Fig. 7

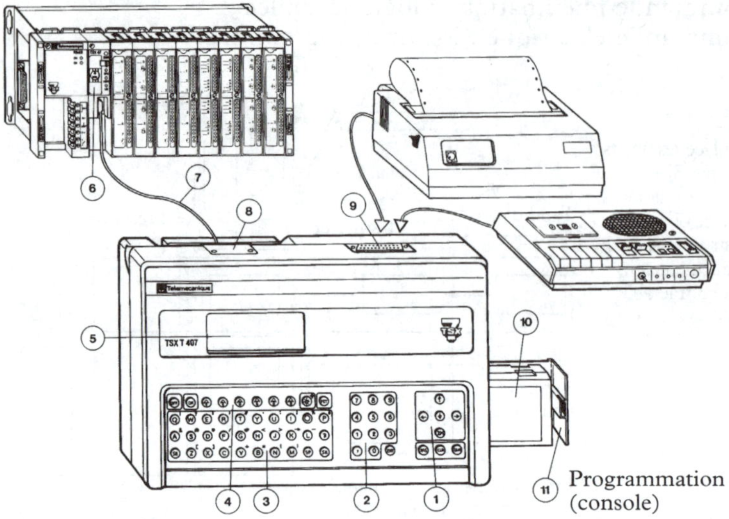

Raccordement du système de programmation
1-2-3-4. Touches fonctions programmation.
5. Console de programmation.
6. Automate.
7. Cordon raccordement console / automate.
8. Connecteur.
9. Sortie périphérique.
10-11. Compartiment et cartouche langage.

Mise en œuvre et utilisation du matériel *(fig. 8)*

Fig. 8

La logique câblée

La source d'énergie, sur la partie commande, est l'air comprimé avec FR. L'élément principal s'appelle « module séquenceur » et l'association des modules constitue un ensemble appelé « séquenceur ». La détection est pneumatique, le pilotage des distributeurs se fait par une action de l'air comprimé sur un piston qui fait déplacer le tiroir du distributeur à droite ou à gauche. L'ensemble appelé « tout pneumatique » est homogène et fiable.

Forme commerciale des composants

Mémoire du module d'étape *(fig. 9)*

Embase du module d'étape *(fig. 10)*

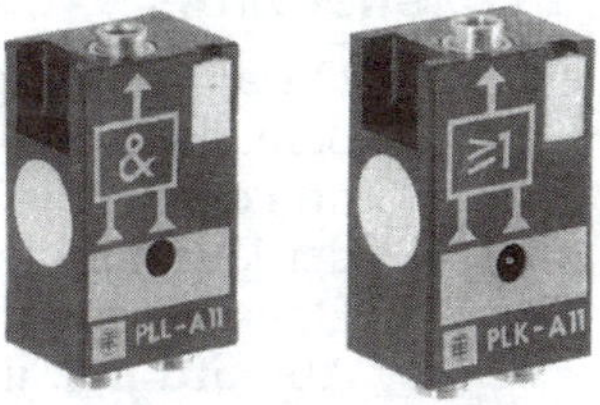

Cellules logiques et-ou *(fig. 11)*

Les systèmes asservis

Pour ces systèmes, on désire que la sortie suive avec précision les variations de l'entrée et ceci, avec un temps de réponse réduit.

Exemples :

- direction assistée d'automobile ou de véhicule industriel ;
- commande des gouvernes sur un avion.

Schéma de principe

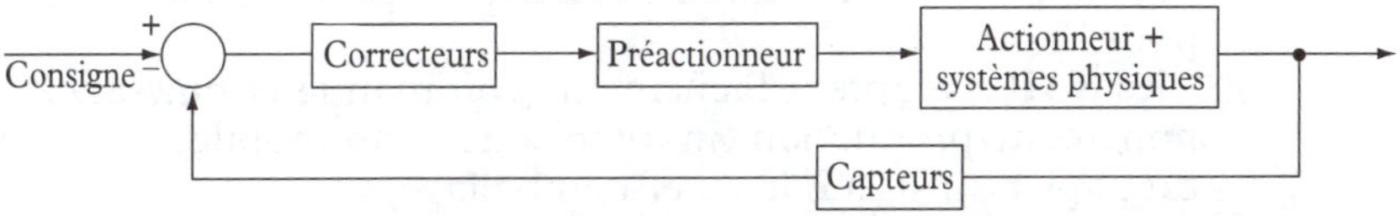

Applications
(Robot industriel)
Fig. 12

Source : Télémécanique

2 OBJECTIFS DE L'AUTOMATISATION

1 Objectifs

Ce chapitre permet de situer dans le milieu industriel les systèmes automatisés de production (SAP).

2 Généralités

Devant la compétitivité sans cesse croissante et de plus en plus « dure » demandée aux industries, qu'elles soient mécaniques, de transformation de produit ou de grande consommation, les industriels doivent garder leur outil de production, performant et fiable.
Dans ce domaine, l'automatisation tient une place très importante. Aujourd'hui, il serait difficile de concevoir un système de production sans avoir recours aux différentes technologies et composants qui forment les SAP. Il faut cependant noter que ces moyens de production malgré les avantages qu'ils présentent, peuvent engendrer certains inconvénients qu'il ne faut pas négliger.

3 Quels sont les avantages des SAP ?

Ils sont nombreux et citons principalement :
- la capacité de produire rapidement dans tous les domaines industriels en gardant un produit de qualité ;
- la suppression de certaines tâches fatigantes, répétitives ou nocives pour l'homme ;
- les SAP s'adaptent facilement (commande et puissance) à tous les milieux de production (industries de l'automobile, du verre, du bois, du papier ainsi que le tri et l'emballage) ;
- la création de métiers nouveaux ;
- la souplesse d'utilisation qu'ils présentent peut répondre aux problèmes simples comme extrêmement complexes.

4 Quels sont les inconvénients des SAP ?

Ils existent et sont à prendre en considération comme :
- le coût assez élevé du matériel, principalement dans les systèmes hydrauliques ;
- la maintenance doit être parfaitement structurée et réalisée par du personnel spécialisé (électroniciens, automaticiens) ;
- il faut cependant noter que les systèmes automatisés peuvent être la cause de suppressions d'emplois.

5 Domaines d'application des SAP (documents Festo)

Les systèmes automatisés se sont implantés dans de nombreux domaines industriels. Les différentes technologies se sont associées et peuvent répondre à tous les problèmes que posent les productions actuelles. De nombreuses industries utilisent ces systèmes, permettant ainsi de faire évoluer la technologie des automatismes.

Domaine du conditionnement et de la préhension

Fig. 1

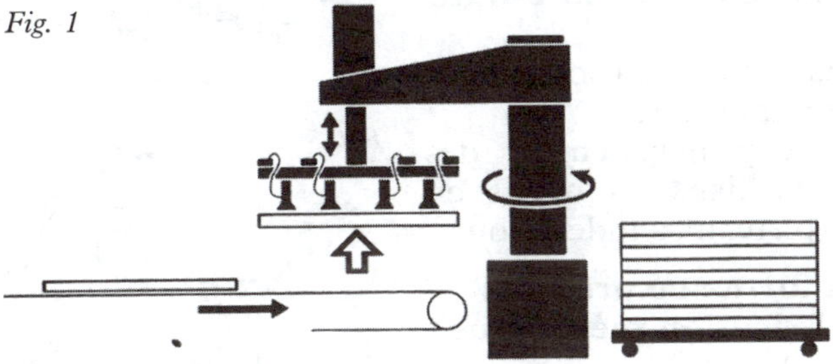

Ce secteur est un important utilisateur des systèmes automatiques. Ils offrent la possibilité d'effectuer un travail rapide et surtout répétitif.

Exemples

- Déplacement d'objets sur un angle quelconque.
- Conditionnement sur palette de packs contenant « *x* boîtes ».

Domaine de l'industrie automobile

Ce secteur utilise, par exemple, des robots pour effectuer : la peinture des carrosseries de voitures (fig. 2), l'assemblage des éléments d'une carrosserie (fig. 3).

Fig. 3

Fig. 2

Domaine de l'industrie du bois (fig. 4)
Les systèmes automatisés représentent pour ce secteur dangereux et pénible un progrès très appréciable. Ils trouvent leurs applications dans les opérations de débit, de sciage ou d'usinage du bois.

Domaine de la machine-outil (fig. 5)
L'automatisation dans ce secteur est assez importante.
On trouve principalement des applications dans les unités de perçage (plateaux à indexations).

Mise en forme de produits finis (fabrication mécanique) (fig. 6 et 7)
Ce domaine particulier du poinçonnage des tôles et de leurs mises en forme, associe la puissance hydraulique à la logique câblée ou programmée. En général, ce type de machine est prévu pour travailler dans des conditions extrêmes et surtout dans un environnement difficile.

Fig. 4 Installation de sciage à bras

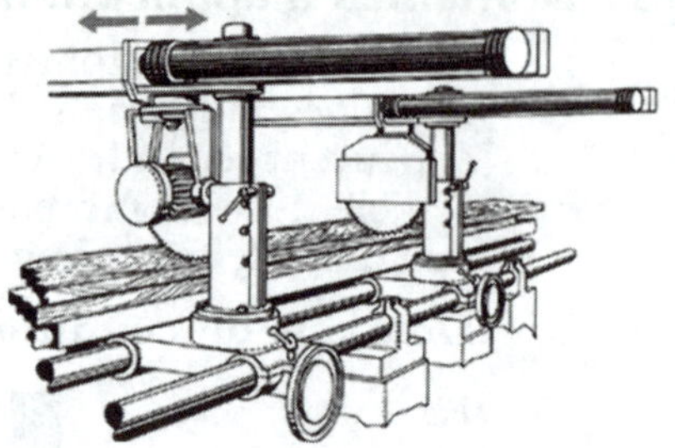

Fig. 5

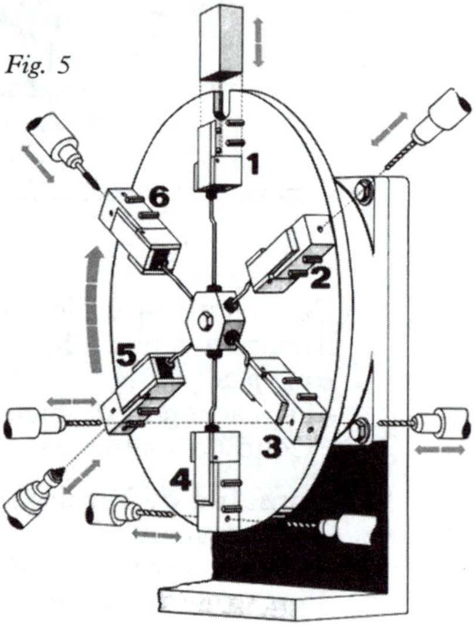

Fig. 6
Transport d'une bande avec deux appareils à marche synchrone

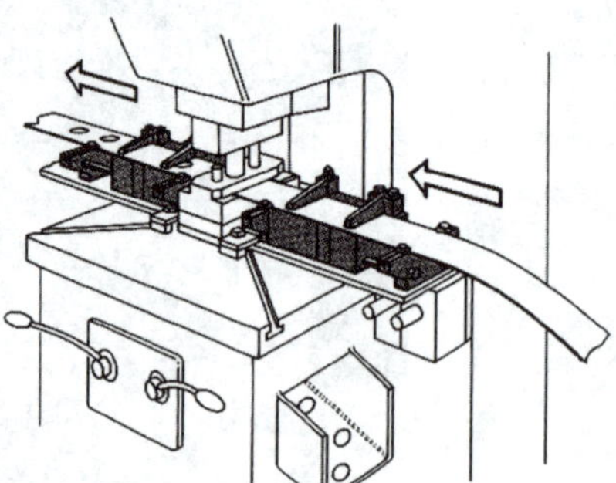

Fig. 7
Transport d'une bande dans un dispositif de poinçonnage

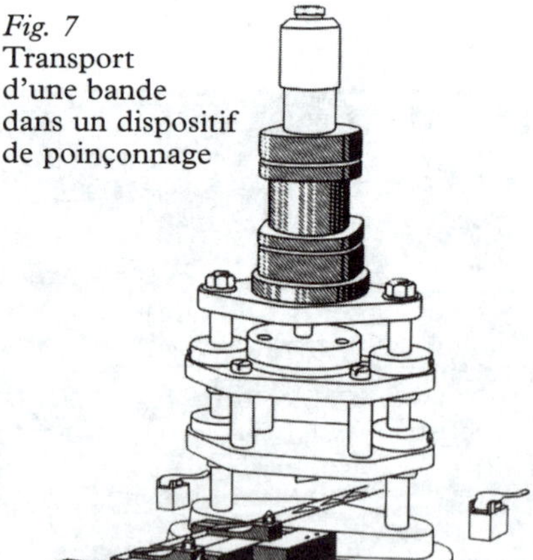

Le contrôle des produits
(fig. 8)
Ce secteur important de l'industrie, où la production est intensive, se situe souvent en bout de chaîne. Il permet à l'aide de capteurs ou de cellules de détecter d'éventuels défauts sur les produits.

Contrôle de la position de pièces à l'aide d'un détecteur de proximité

Fig. 8

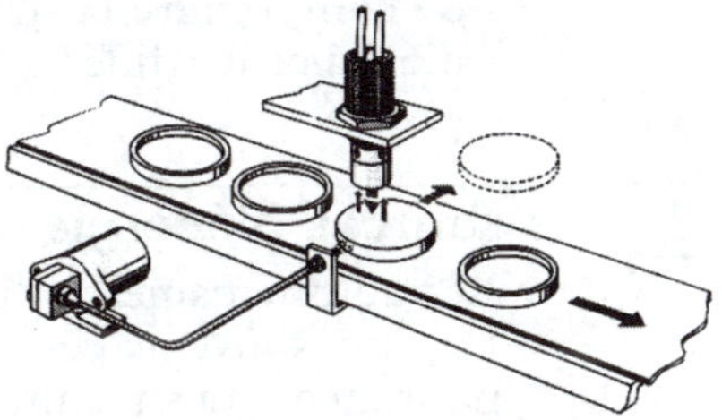

L'automatisation de service
(fig. 9)
Les composants de puissance et de commande trouvent ici des applications faciles et très utiles comme par exemple l'ouverture programmée de portes et de fenêtres.
Dans ce domaine, les applications sont nombreuses et très variées.

Fig. 9

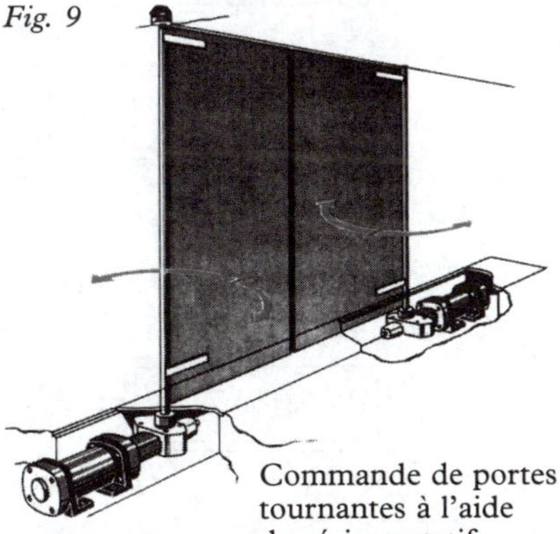

Commande de portes tournantes à l'aide de vérins rotatifs

6 Conclusion

Si actuellement un domaine est sujet à polémiques, c'est bien celui des automatismes. Est-il synonyme de suppression d'emplois ?
Des emplois pénibles ont été supprimés, mais des métiers nouveaux sont apparus comme :
- les automaticiens ;
- les emplois de maintenance, de plus en plus spécialisés, qui demandent savoir et compétence.

Il faut donc concevoir aujourd'hui, les systèmes automatisés comme étant un progrès dans l'allègement ou la suppression, pour l'homme, de tâches pénibles et dangereuses.
Tout peut être automatisé, mais il faut prendre garde à ne pas tomber dans « l'excès d'automatisation ».

3 TECHNOLOGIE DES SAP

1 Objectifs

Ce chapitre permet :
- de comprendre la structure des SAP ;
- d'étudier les différentes technologies.

2 Les sources d'énergie

Les automatismes industriels utilisent différentes sources d'énergie. Le plus souvent, ces sources d'énergie se complètent pour donner naissance à des technologies diverses. Ces technologies sont ensuite choisies à partir d'un cahier des charges en vue de produire un travail défini.

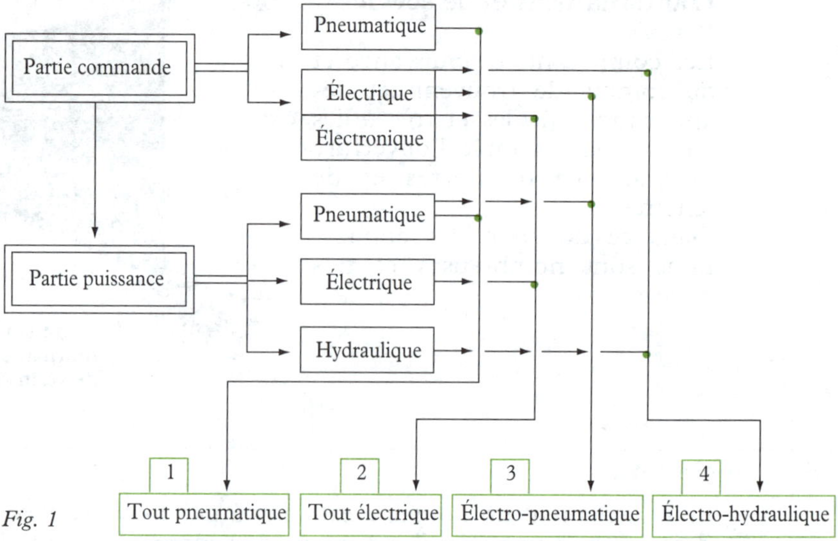

Fig. 1

Tout pneumatique
Dans ce type d'automatismes, la partie commande est pneumatique (logique câblée), la partie puissance (actionneurs, préactionneurs, détection) reste également pneumatique.

Tout électrique
Ici, la partie commande (logique programmée), et la partie puissance (actionneurs, préactionneurs, détection) sont électriques.

Électro-pneumatique
Dans ce troisième type d'automatismes, la partie commande est électrique (logique programmée). La partie puissance est pneumatique ; quant aux préactionneurs, ils sont du type électro-pneumatique.

Électro-hydraulique
Le principe est identique aux systèmes électro-pneumatiques. Seule la partie puissance est hydraulique.

Note : les préactionneurs des vérins et moteurs, hydrauliques ou pneumatiques, sont appelés « distributeurs ».
Les préactionneurs des moteurs électriques sont appelés « contacteurs ».

3 Représentation schématique

Commande simple

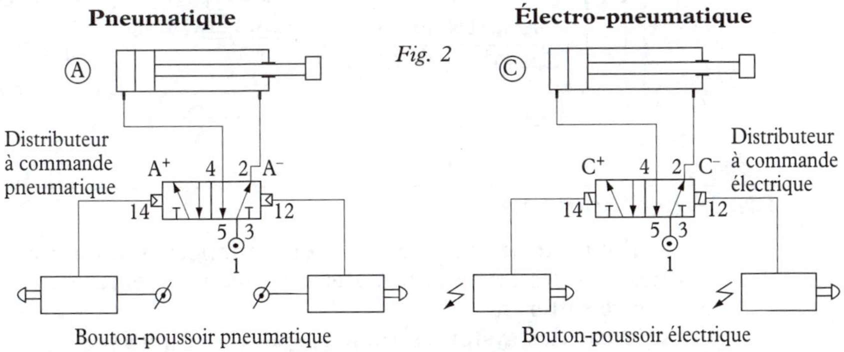

Fig. 2

Commande automatisée électro-pneumatique

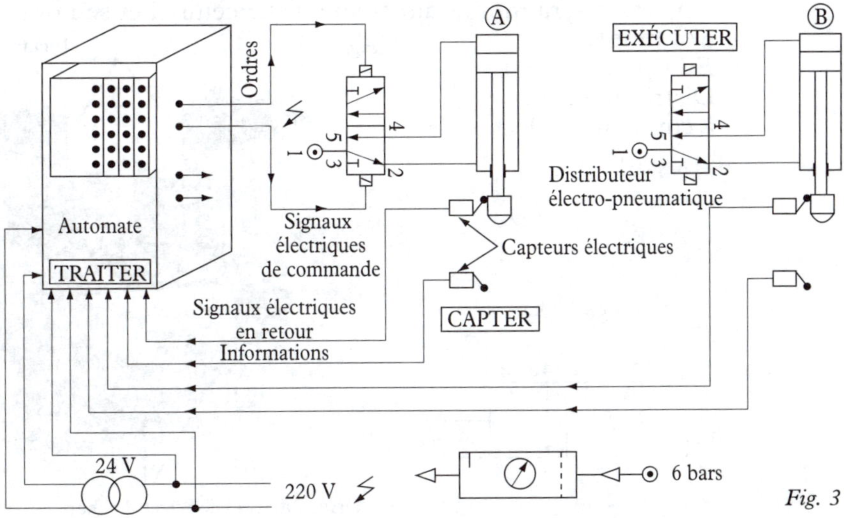

Fig. 3

Commande automatisée pneumatique

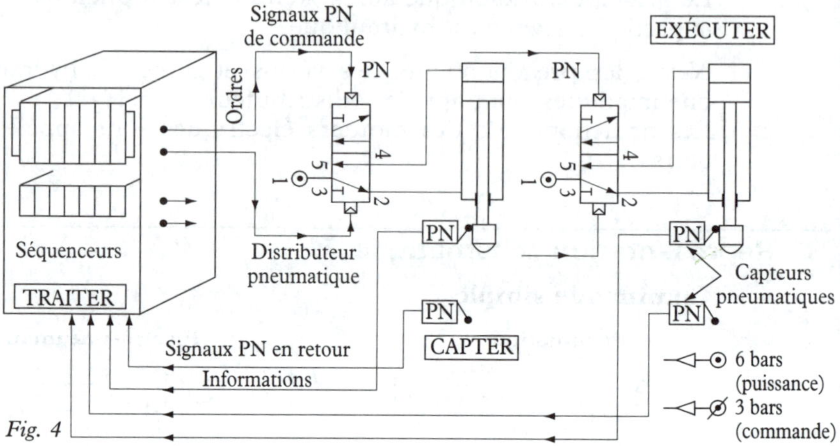

Fig. 4

4 Choix de l'équipement

Afin d'obtenir les meilleures performances techniques et économiques, les systèmes automatisés peuvent associer des composants de nature différente.

C'est le cas des systèmes « électro-pneumatiques ».

Pour faire dialoguer la PO pneumatique avec la PC électrique, il faut avoir recours à un « interface ». Sur un distributeur pneumatique, l'interface sera monté directement sur celui-ci et se nommera « électrovanne ».

Exemple :

Distributeur 5/2

à commande électrique

Symbole

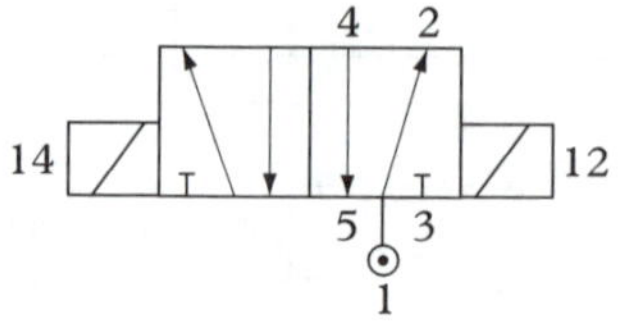

Fig. 5

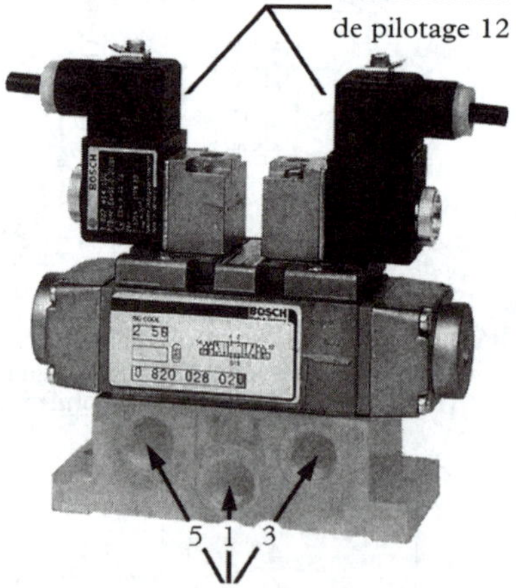

Orifice de pression 1 et d'échappement 5 et 3

5 L'interface

Ce composant a pour rôle de convertir un signal de nature pneumatique ou électrique en un autre signal différent du signal d'entrée. Il peut également modifier les paramètres du signal (fig. 6).

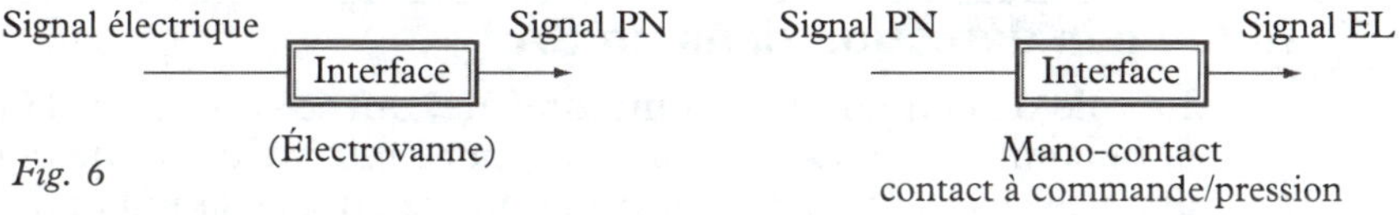

Fig. 6

L'interface électro-pneumatique

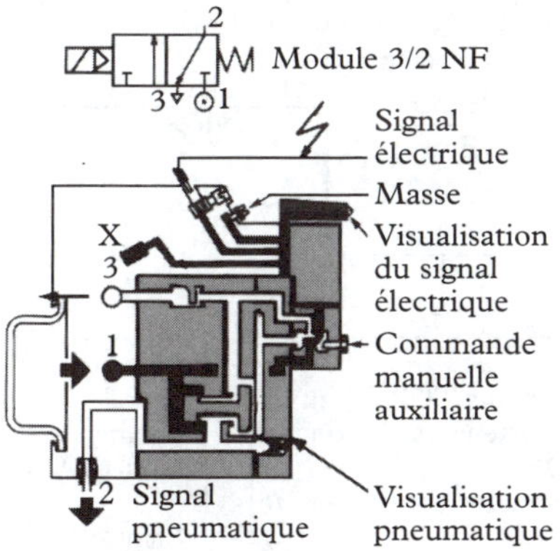

1. Commun de pression
3. Commun d'échappement
X. Commun d'alimentation

Fig. 7

Cet interface convertit un signal d'entrée électrique en un signal de sortie pneumatique. (fig. 7)

L'interface pneumo-électrique

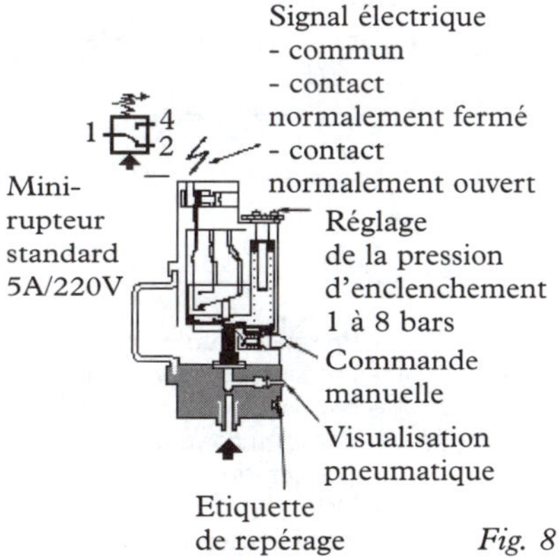

Fig. 8

À l'inverse de l'interface ci-contre, celui-ci convertit un signal d'entrée pneumatique en un signal de sortie électrique (fig. 8).

Rôle de ces composants

Sur un système automatisé de production, le rôle de ces composants est de permettre, à partir d'une commande électrique, donc un automate, de garder une partie opérative pneumatique, en transformant la nature des signaux de commande.

4 LA DÉTECTION - LES CAPTEURS

1 Objectifs

Ce chapitre permet de décrire les principaux capteurs équipant la détection des SAP.

2 Rôle de la détection dans un SAP

Le rôle de cette partie du mécanisme, qui se situe entre la puissance et la commande, est de recueillir, par l'intermédiaire de composants appelés « capteurs », des informations relatives à la PO et de les transmettre à la PC.

Fig. 1

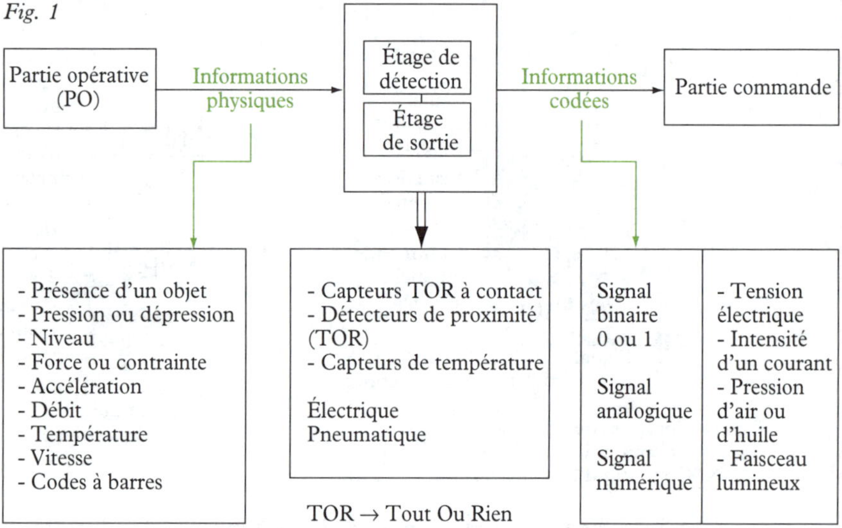

3 Étude des principaux capteurs par famille

Capteurs TOR (sortie binaire)

Ils sont les plus nombreux dans les systèmes automatisés. Dès qu'une grandeur physique est détectée (ou non détectée), ils délivrent un signal de sortie sous la forme d'une pression pneumatique ou d'une tension électrique.
Cette famille peut se diviser en plusieurs groupes :

Capteurs à commande manuelle

Fig. 2

Dans ce premier groupe, on retrouve tous les matériels destinés à l'équipement des pupitres ou postes de commande comme les boutons-poussoirs, les boutons à 2 ou 3 positions, les arrêts « coup de poing ».
La commande est fournie par l'opérateur.

Combinaisons modules pneumatiques

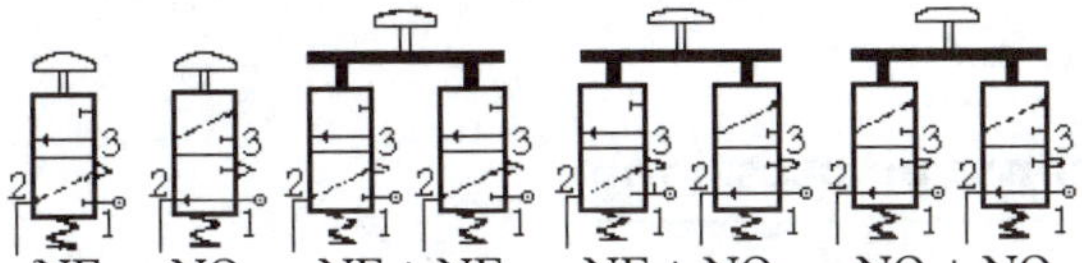

Fig. 3

Capteurs à commande mécanique

Fig. 4

(interrupteurs de position)
Situés sur la partie opérative, ils détectent par contact la présence d'une partie mobile (fig. 4).
Exemple : tige de vérin, course d'une table de MO.

Fig. 5

Fonction NF
Normalement fermée
à l'état de repos

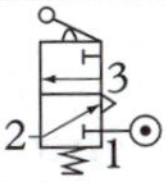

Commande mécanique

1 : Pression
2 : Utilisation
3 : Échappement non raccordable

Tête de commande + corps		Effort (daN) Pression d'alimentation		
Type	Désignation	2 bar	5 bar	8 bar
	Poussoir simple	1	1,7	2,5
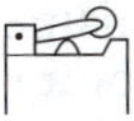	Levier à galet plastique	0,5	0,9	1,3
	Levier à galet métallique à roulement	0,5	0,9	1,3
	Levier à galet plastique escamotable (endurance : un million de cycles)	0,5	0,9	1,3
	Poussoir à canon fileté	1	1,7	2,5

Capteurs sensibles (avec ou sans contact mécanique)

Ces détecteurs n'exigent pas un contact physique direct avec l'objet à détecter.
Ces capteurs permettent de répondre à certains besoins comme :
- la miniaturisation des mécanismes ;
- les applications spécifiques non résolues par les capteurs classiques ;
- les grandes vitesses de déplacement ;
- l'agressivité du milieu ambiant.

Étude de quelques capteurs

Capteurs à chute de pression

Fig. 6

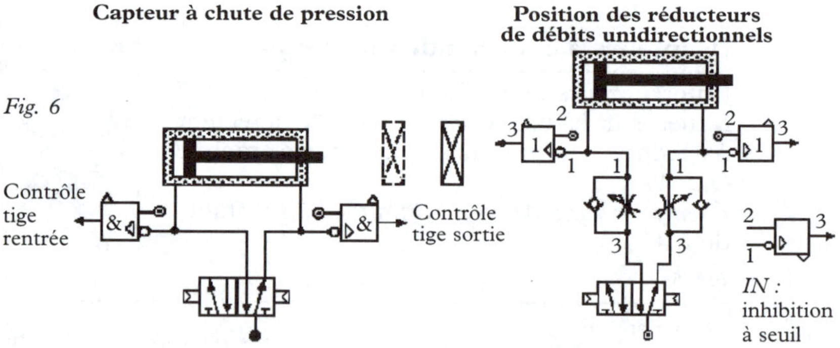

Branchés en dérivation entre le vérin et le distributeur, ils délivrent un signal lorsque la pression chute dans les chambres du vérin.

Capteurs à obturation de fuite

Ils conviennent spécialement pour détecter les faibles courses ou les très faibles efforts. Ils demandent le contact avec le mobile, mais le principe permet de ne monter sur le mécanisme que la tête de détection, reliée par un tube au relais pour capteur à fuite ②.

Fig. 7

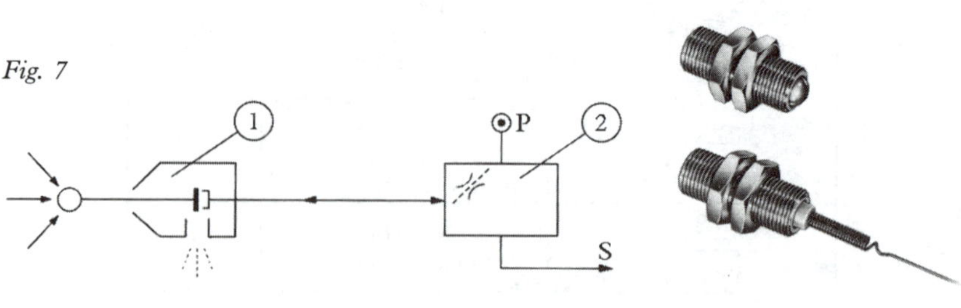

Fig. 8

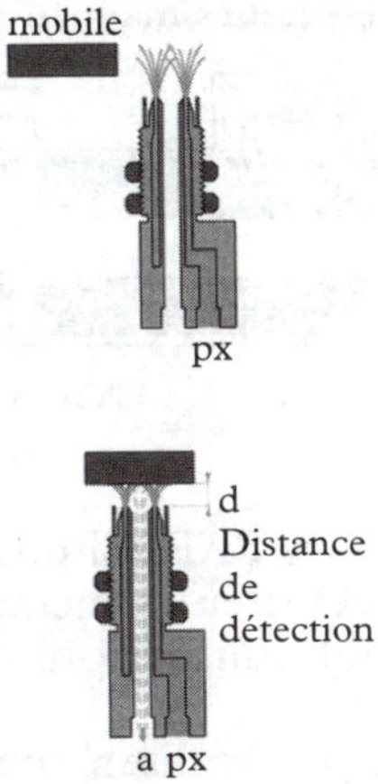

Capteurs de proximité ③

Ces capteurs fluidiques permettent la détection, sans contact mécanique, par réflexion d'un jet d'air, la présence ou le passage d'une pièce ⑨.
Fonctionnement assuré, associé à un relais amplificateur ④. Détection de 0 à 6 mm (fig. 8).

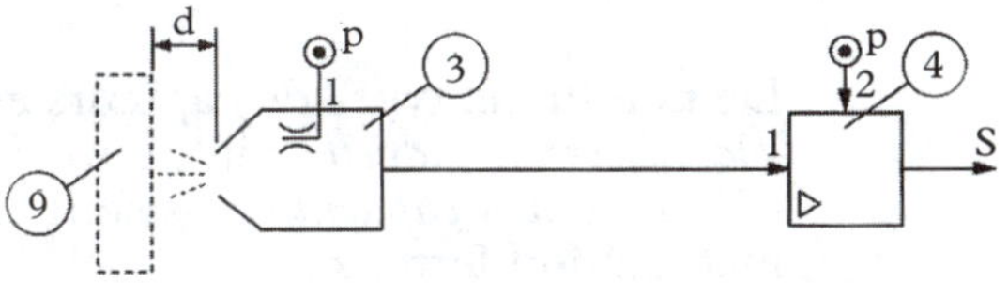

Capteurs de passage ⑤

Ces capteurs permettent de détecter sans contact mécanique et par rupture du jet d'air, le passage d'une pièce entre une base émettrice ⑥ et une base réceptrice ⑦. Intégration d'un relais amplificateur ⑧. Détection de 0 à 100 mm suivant modèle (fig. 9).

Fig. 9

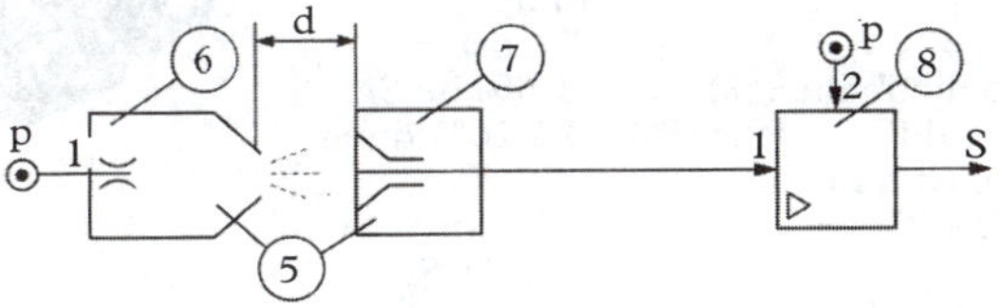

Détection de proximité magnétique

(ILS : Interrupteur à lame souple)
Un aimant permanent A, monté sur le piston du vérin pneumatique, actionne l'interrupteur à lame souple du détecteur magnétique, fixé à l'extérieur du tube amagnétique du vérin. Ce principe de détection apporte au SAP de nombreux avantages comme :
- élimination des problèmes mécaniques (capteurs à galet) ;
- encombrement réduit (détection sur le vérin) ;
- endurance élevée (10^7 manœuvres) ;
- possibilité de monter plusieurs capteurs côte à côte.
Symbole :

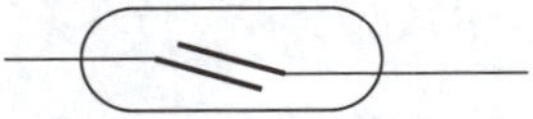

Principe de fonctionnement (fig. 10 et 11). (Source Joucomatic)

Détecteur magnétique monté sur le vérin

Fig. 10

Vérin prévu pour détecteurs magnétiques

Fig. 11

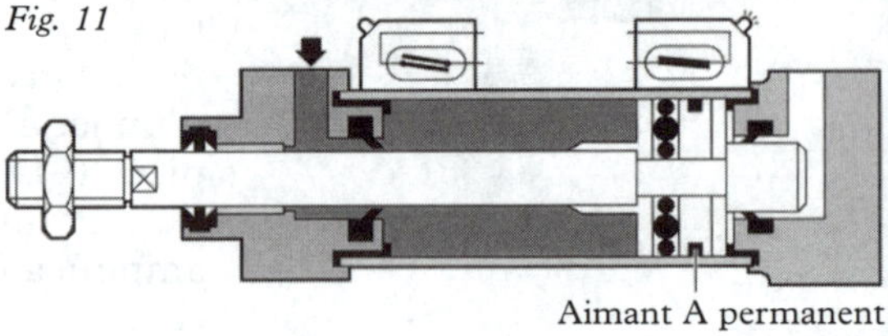

(Document Joucomatic)

De nombreux types de capteurs équipent les SAP. Citons :
- *les détecteurs inductifs :* ils permettent de détecter les métaux ferreux ;
- *les détecteurs capacitifs :* ils sont en général utilisés pour détecter les métaux non ferreux ;
- *les détecteurs infrarouges :* ils permettent de localiser une source de chaleur dans le système.

Détecteurs de proximité inductifs (Documents Crouzet)

Températures limites d'emploi	: – 25 à 70 °C
Étanchéité	: IP 67
Résistance aux chocs	: 50 G/l 1 ms
Résistance aux vibrations	: 10 à 55 Hz (amplitude 1 mm)
Reproductibilité (%)	: ≤ 5% de Sr
Course différentielle (%)	: 3 à 20% de Sr
Dérive en température (Su de – 25 à + 70 °C)	: 0,81 Sn ≤ Su ≤ 1,21 Sn
Rigidité diélectrique	: 1 500 V/1 mA pendant 1 mn
Résistance d'isolement	: 50 MΩ à 500 Vcc

Détection frontale Détection latérale

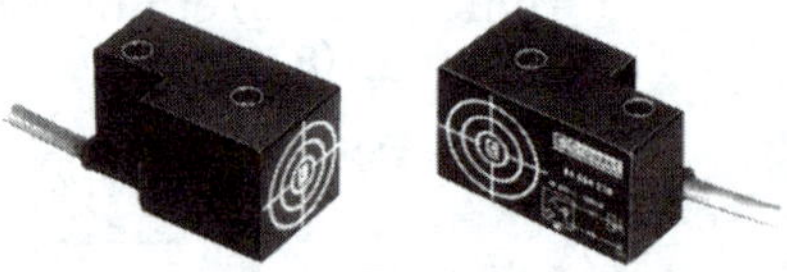

Fig. 12

Températures limites d'emploi	: – 25 à 70 °C
Étanchéité	: IP 67
Résistance aux chocs	: 50 G/l 1 ms
Résistance aux vibrations	: 10 à 55 Hz (amplitude 1 mm)
Reproductibilité (%)	: ≤ 5% de Sr
Course différentielle (%)	: 3 à 20% de Sr
Dérive en température (Su de – 25 à + 70 °C)	: 0,81 Sn ≤ Su ≤ 1,21 Sn
Rigidité diélectrique	: 1 500 V/1 mA pendant 1 mn
Résistance d'isolement	: 50 MΩ à 500 Vcc

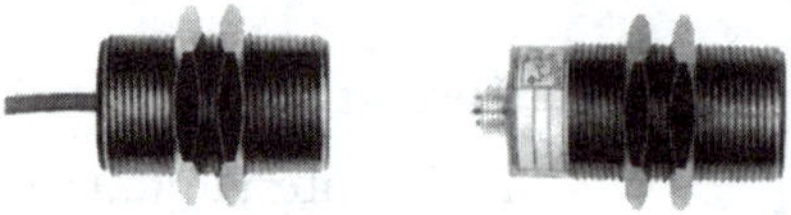

Fig. 13

Encombrements

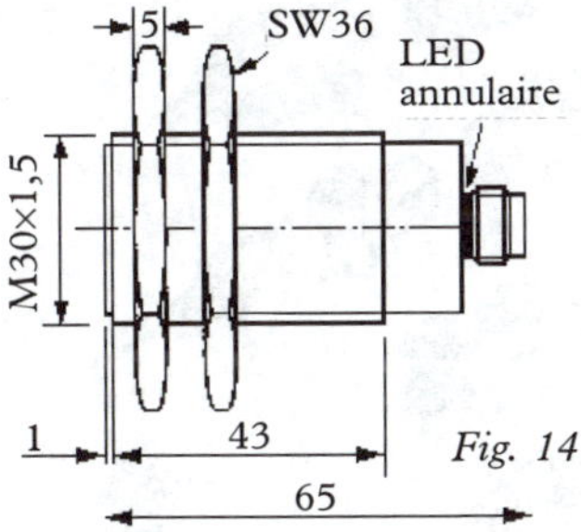

Fig. 14

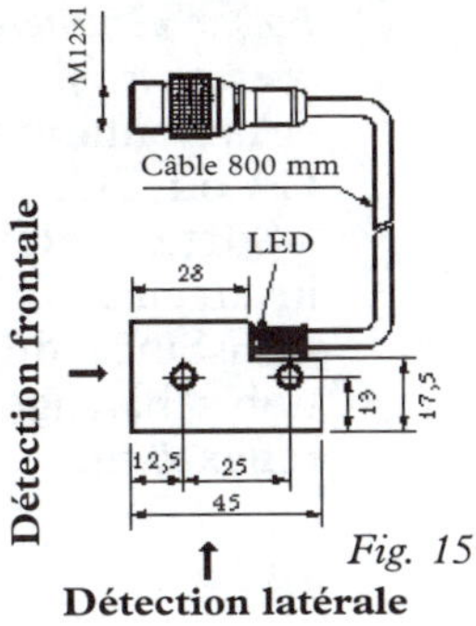

Fig. 15

Détecteurs de passage photo-électrique (opto-électronique)

Ils signalent la présence d'un objet par le passage de celui-ci à travers un faisceau lumineux. On distingue trois cas principaux :
- le système « barrage » ;
- le système « réflexion » ;
- le système de proximité.

La source de lumière est générée par une diode électroluminescente infrarouge.

Principe de fonctionnement (Source Crouzet)

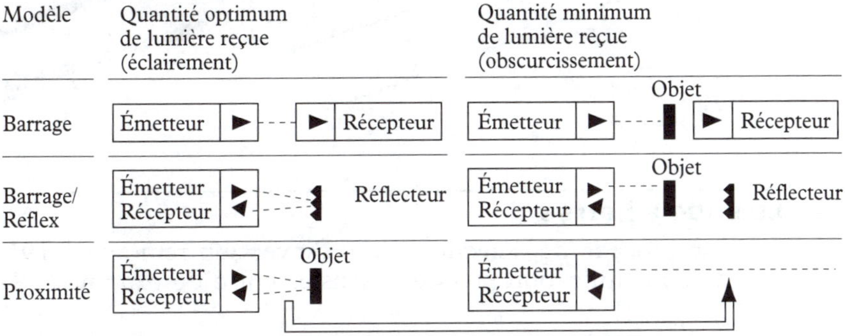

Objet à détecter

	Barrage	Barrage/Reflex	Proximité
Nature de l'objet	Opaque	Opaque Influence des objets trop réfléchissants	Opaque ou transparent Influence de l'état de surface de l'objet (rugosité, ternissure...)
Couleur de l'objet	Sans importance	Sans importance	Influence des couleurs
Positionnement de l'objet	Sans importance	Sans importance	Guider l'objet à détecter

Forme commerciale et caractéristiques
- Alimentation 24 V CA ou CC.
- Sortie relais type inverseur.
- Distance de détection : barrage 10 m, reflex 6 m.

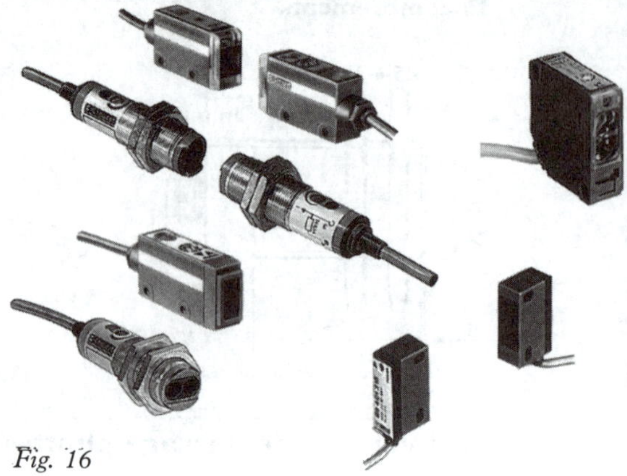

Fig. 16

Fibres optiques

(sectionnables)
- Diamètres 1 ou 2,2.
- Embouts filetés.

Fig. 17

4 Le code à barres

Ce procédé de détection, dont l'invention remonte à 1950, permet une identification précise et sans erreur d'un produit.

Principe

Une étiquette, composée de barres noires et blanches alternées verticales, est lue par un crayon optique. Il existe deux familles de codes :
- *les codes dits « alimentaires »* composés de barres et d'espaces dont la largeur peut varier dans un rapport de 1 à 3 ;
- *les codes industriels* toujours composés de barres et d'espaces larges représentant le 1 logique et de barres et d'espaces minces représentant le 0 logique.

Ce dispositif de détection est aujourd'hui très employé dans tous les domaines (alimentaire, pharmaceutique, industriel).

Représentation des étiquettes *Fig. 18*

1234 5674 EAN 8

123456 789012 UPCA

1 234567 890128 EAN 13

0 012345 7 UPCE

Codes EAN en Europe
Codes UPC aux Etats-Unis

123456789074 2/5 entrelacé

Code 128 XGV-SD 20

Code 39 *VISION

MONARCH 1 2 3 4 5 6 7 8 9 0

Codes numériques : 2 parmi 5
2 parmi 5 entrelacé
Codes alphanunériques 39, 128.

Le lecteur/décodeur
Son rôle est de lire, de décoder puis de transmettre l'information d'une étiquette particulière vers une unité de traitement. Il fonctionne comme une caméra vidéo analysant une image électronique.

Avantages
L'information émise par le code à barres est :
- fiable : un code souillé ou mal imprimé demeure lisible ;
- facile à imprimer ;
- économique, se limitant à une étiquette, donc simple.

Forme commerciale des lecteurs (fig. 19)
La technologie CCD (dispositif à transfert de charge) permet une durée de vie de 50 000 heures.

Fig. 19

5 ÉLÉMENTS DE LOGIQUE

1 Objectifs

Ce chapitre permet :
- une initiation à l'algèbre de Boole ;
- la simplification des équations logiques.

2 Algèbre de Boole

C'est la logique utilisée dans les systèmes automatisés pour gérer les données ainsi que les signaux reçus ou émis au niveau de la partie commande. La logique de Boole (George Boole : mathématicien britannique (1815-1864), promoteur de la logique mathématique contemporaine) repose sur une variable binaire (ou signal digital) pouvant uniquement répondre à deux valeurs définies par : 0 ou 1. Cette variable peut représenter des états particuliers comme :
- haut ou bas ;
- ouvert ou fermé ;
- vrai ou faux.

Pour les systèmes comportant un nombre important d'entrées et de sorties, l'algèbre de Boole ne permet plus une gestion facile de la PC. Les automatismes sont alors définis à partir des outils graphiques comme : le GRAFCET, les diagrammes de phases.

Algèbre de Boole : concepts

Propriétés de la somme		Propriétés du produit		Négation
$0 + 0 = 0$	$a + 1 = 1$	$0 . 0 = 0$	$a . 1 = a$	$\overline{0} = 1$
$0 + 1 = 1$	$a + 0 = a$	$0 . 1 = 0$	$a . 0 = 0$	$\overline{1} = 0$
$1 + 0 = 1$	$a + a = a$	$1 . 0 = 0$	$a . a = a$	$\overline{\overline{a}} = a$
$1 + 1 = 1$	$a + \overline{a} = 1$	$1 . 1 = 1$	$a . \overline{a} = 0$	

Commutativité	Associativité	Distributivité
$a . b = b . a$	$a . (b . c) = (a . b) . c$	$a . (b + c) = a . b + a . c$
$a + b = b + a$	$a + (b + c) = (a + b) + c$	$(a + b) . (c + d) = ac + ad + bc + bd$

Propriétés combinées		Théorème de Morgan
$a . (a + b) = a$	$(a + b) . (a + \overline{b}) = a$	$\overline{a + b + c} = \overline{a} . \overline{b} . \overline{c}$
$a + a . b = a$	$(a + b) . (a + c) = a + b . c$	
$a + \overline{a} . b = a + b$	$(a + b) . (\overline{a} + c) = a . c + \overline{a} . b$	$\overline{a . b . c} = \overline{a} . \overline{b} . \overline{c}$

3 Table de vérité et équation logique

Une fois définies les variables d'un automatisme (entrées venant des capteurs, sorties dirigées vers les préactionneurs), la table de vérité est un outil permettant de décrire les rapports ou relations existant, ou non, entre ces variables.
Les variables et leurs valeurs possibles sont inscrites sous forme de tableau ou table.
- Variables d'entrée dans des colonnes, côté gauche.
- Variables de sortie correspondantes, côté droit.

Exemple : (figure ci-contre)
Le bras manipulateur S est mis en marche et arrêté par deux boutons séparés à deux positions.

Variables d'entrée
- M pour le bouton marche ($M = 1$ bouton enfoncé, $M = 0$ bouton relâché).
- A pour le bouton arrêt ($A = 1$ bouton enfoncé, $A = 0$ bouton relâché).
- S pour l'état initial de la machine ($S = 1$ machine en marche, $S = 0$ machine à l'arrêt).

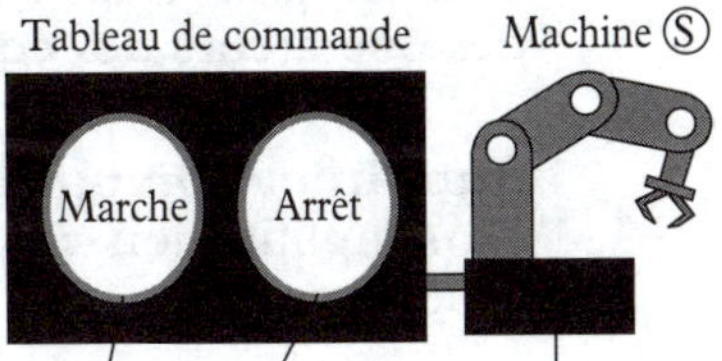

Table de vérité

M	A	S	S'	
0	0	0	0	
0	0	1	1	$\overline{M}.\overline{A}.S$
0	1	0	0	
0	1	1	0	
1	0	0	1	$M.\overline{A}.\overline{S}$
1	0	1	1	$M.\overline{A}.S$
1	1	0	0	
1	1	1	0	

Équation logique

$$S' = \overline{M}.\overline{A}.S + M.\overline{A}.\overline{S} + M.\overline{A}.S$$

Équation simplifiée

$$S' = M.\overline{A} + S.\overline{A}$$

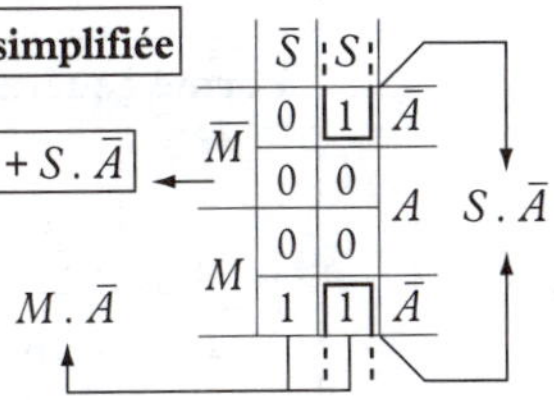

Fig. 1

Variables de sortie
S' pour l'état final de la machine ($S' = 1$ machine en marche, $S' = 0$ machine à l'arrêt).
S' devient S à chaque nouvelle commande.
Seul le bouton d'arrêt A peut stopper la machine, le relâchement de M ne le peut pas (explique la deuxième ligne de la table). De même, l'arrêt est prioritaire sur la mise en marche (explique les deux dernières lignes de la table).

4 Simplification des expressions booléennes

Une simplification s'impose pour diminuer le nombre et la nature des opérateurs des équations logiques.

Simplification par la méthode algébrique
La simplification est obtenue par calcul algébrique en utilisant les propriétés et les équations caractéristiques de l'algèbre de Boole.

Exemple 1 : l'équation logique

$$S = \overline{M} \,.\, \overline{A} \,.\, S + M \,.\, \overline{A} \,.\, \overline{S} + M \,.\, \overline{A} \,.\, S = \overline{M} \,.\, \overline{A} \,.\, S + M \,.\, \overline{A} \,.\, (\overline{S} + S)$$
$$= \overline{M} \,.\, \overline{A} \,.\, S + M \,.\, \overline{A} = \overline{A} \,.\, (\overline{M} \,.\, S + M) = \overline{A} \,.\, (M + S) = \overline{A} \,.\, M + \overline{A} \,.\, S$$

Exemple 2

$$S = \overline{A} \,.\, B \,.\, \overline{C} + \overline{A} \,.\, B \,.\, C + A \,.\, B \,.\, \overline{C} + A \,.\, B \,.\, C$$
$$= \overline{A} \,.\, B \,.\, (\overline{C} + C) + A \,.\, B \,.\, (\overline{C} + C)$$
$$= \overline{A} \,.\, B + A \,.\, B = B \,.\, (\overline{A} + A) = B$$

Simplification par les « tableaux de Karnaugh » (diagrammes K)
Ces tableaux sont utilisés pour simplifier les équations logiques ayant au plus quatre variables sous la forme d'un ensemble de produits (équation écrite à partir d'une table de vérié).
L'application se fait par étapes bien définies. Elle est plus rapide que la méthode algébrique, fonctionnant par approximations successives, dans le cas d'expressions à plusieurs termes et donne toujours l'expression minimale.

Karnaugh à deux variables

Forme générale

	$\overline{A}$	A
$\overline{B}$	$\overline{A}.\overline{B}$	$A.\overline{B}$
B	$\overline{A}.B$	$A.B$

Exemple

A	B	S
0	0	1
0	1	0
1	0	0
1	1	1

$S = \overline{A}.\overline{B} + A.B$

	$\overline{A}$	A
$\overline{B}$	1	0
B	0	1

1) Principe : les tables de vérité donnent la valeur de sortie de chaque combinaison des variables d'entrées, ligne par ligne. À chaque case d'un tableau de Karnaugh correspond une ligne de la table de vérité associée avec le même nombre de lignes et de cases. Si la sortie de la ligne est à 1, la case de Karnaugh associée est aussi à 1.

2) Simplification : elle est possible chaque fois que deux cases à 1 sont adjacentes ou ont un côté commun, ce qui élimine une entrée commune aux 2 cases.

Tableaux de Karnaugh : simplification					
Équation à simplifier	$S = \bar{A}\bar{B} + A\bar{B}$	$S = A\bar{B} + AB$	$S = \bar{A}\bar{B} + A\bar{B} + AB$	$S = \bar{A}\bar{B} + AB$	$S = \bar{A}\bar{B} + \bar{A}B + A\bar{B} + AB$
Karnaugh correspondant	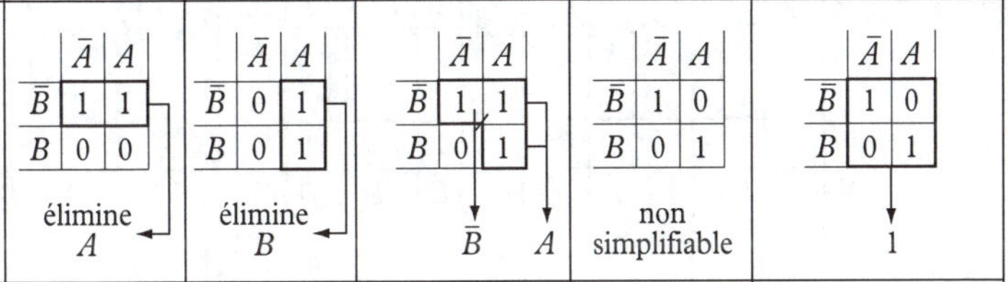				
Équation simplifiée	$S = \bar{B}$	$S = A$	$S = \bar{B} + A$	$S = \bar{A}\bar{B} + AB$	$S = 1$

On simplifie également lorsque les cases à 1 peuvent être groupées en carré ou en ligne de 4 : on élimine 2 entrées communes. La remarque est la même pour les groupements de 8 cases : on élimine 3 entrées communes. Les groupements de cases peuvent aussi être réalisés sur les côtés des tableaux qui peuvent être assimilés à des cyclindres.

Karnaugh à trois variables

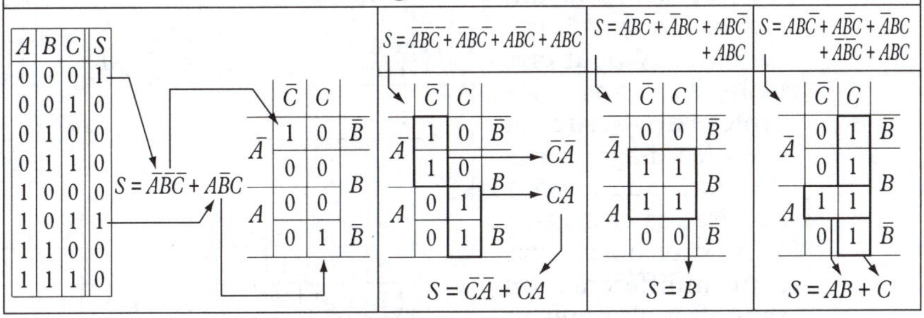

Karnaugh à quatre variables

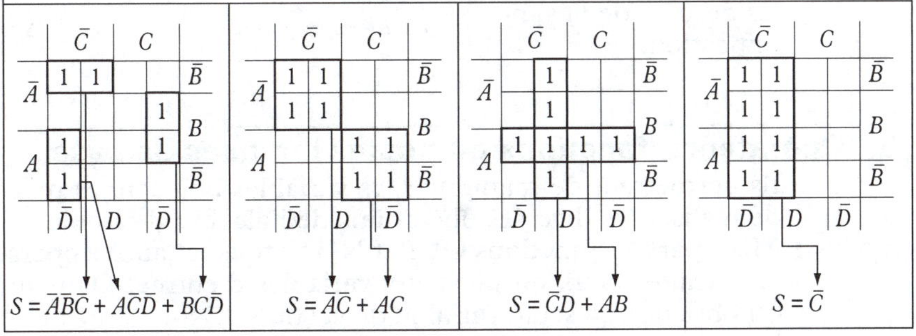

Karnaugh à quatre variables, cas des côtés de tableaux

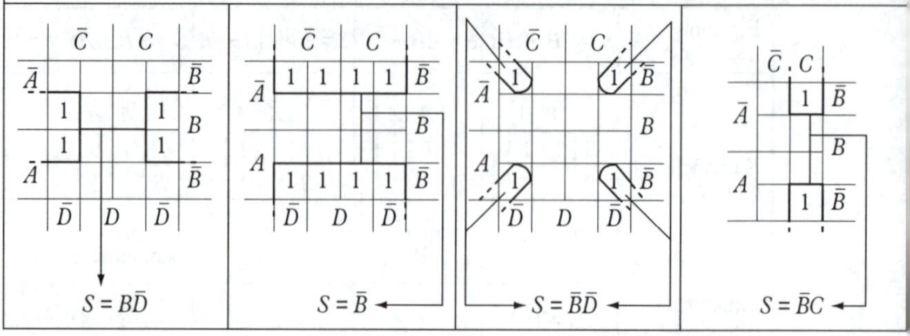

3) Cas des conditions indifférentes : il arrive que certaines combinaisons des entrées ne correspondent à aucun cas de fonctionnement du dispositif; par exemple, un cas ne pouvant jamais se produire. La lettre X peut être utilisée dans les tables de vérité et dans les diagrammes de Karnaugh pour décrire ces cas. Dans la mesure où ces cas sont indifférents ou sans effet, ils peuvent être mis à 0 ou à 1 (X = 0 ou 1) selon les besoins de la simplification.

Karnaugh à quatre variables avec conditions indifférentes

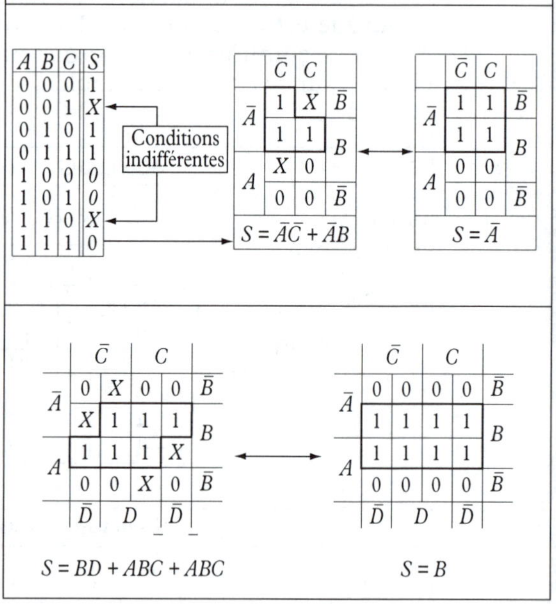

5 Opérateurs, fonctions ou postes logiques de base

Ils permettent de manipuler les variables booléennes précédentes et de réaliser les diverses opérations de l'algèbre de Boole.
Mis à part les fonctions OUI et NON, tous les autres opérateurs peuvent traiter deux ou plusieurs variables d'entrée. Dans tous les cas, on obtient une seule variable de sortie.

Fonction OU (1)

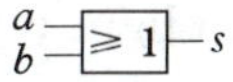

$s = a + b$
Somme logique

a	b	s
0	0	0
0	1	1
1	0	1
1	1	1

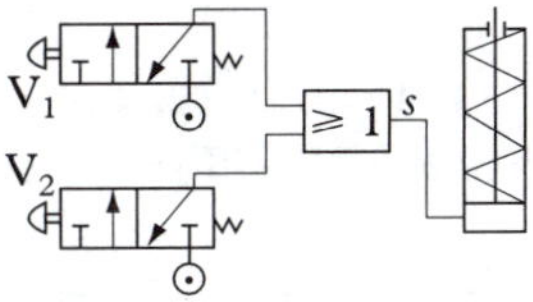

Fig. 2

Constatation : le signal de sortie *s* est présent dès qu'un signal de pression *a* ou *b* est présent (ou les 2).

Fonction ET (2)

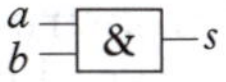

$s = a \,.\, b$
Produit logique

a	b	s
0	0	0
0	1	0
1	0	0
1	1	1

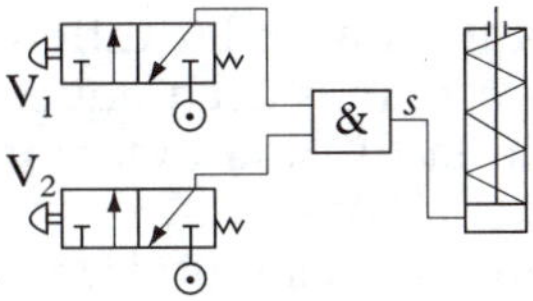

Fig. 3

Constatation : le signal de sortie *s* ne peut être présent que si *a* et *b* sont présents.

Fonction OUI (3)

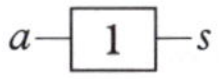

$s = a$
Identité logique

a	s
0	0
1	1

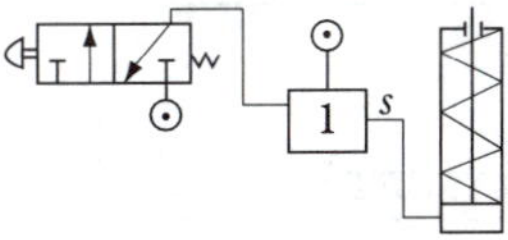

Fig. 4

Constatation : le signal de sortie *s* est présent si le signal commande *a* est présent.

Fonction NON (4)

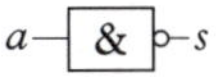

$s = \bar{a}$

a	s
0	1
1	0

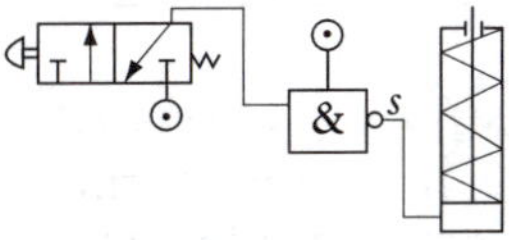

Constatation : en l'absence du signal de commande « *a* », l'orifice de sortie *s* est mis en pression. Le signal de sortie est donc l'inverse du signal de commande $s = \bar{a}$.

Fonction inhibition (5) (négation logique)

$s = \bar{a} \,.\, b$

a	b	s
0	0	0
0	1	1
1	0	0
1	1	0

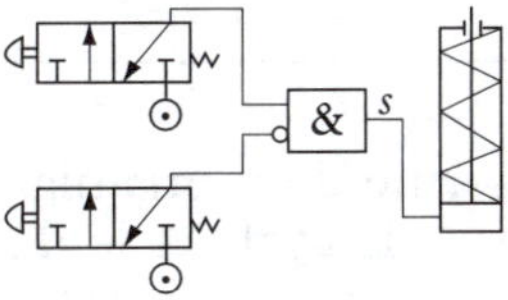

Fig. 5

Constatation : si le signal d'une variable est raccordé sur *b*, la fonction obtenue se nomme « Inhibition » : $s = b \,.\, \bar{a}$.

Fonction ou exclusif (6)

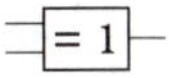

a	b	s
0	0	0
0	1	1
1	1	0
1	0	1

$s = \bar{a}b + a\bar{b} = a$

6 PRINCIPE ET DESCRIPTION

1 Objectifs

Ce chapitre permet :
- d'établir, de lire et de comprendre un GRAFCET en ligne ;
- de mettre ces notions en application sur un SAP.

2 Généralités

Un système automatisé industriel comporte un cahier des charges, établi en collaboration avec les différents services utilisant ce matériel. Outre les contraintes techniques, il comporte des instructions impératives reliant la PC à la PO, ainsi que le dialogue avec l'opérateur.

Pour cela, les automaticiens utilisent un « outil » de description graphique, facile à lire, appelé « GRAFCET ».

3 Signification

Que veut dire GRAFCET ? →

GRAF → graphe
C → commande
E → étape
T → transition

4 La norme

Norme française NF CO3 - 190 / UTE CO3 - 190 / UTE CO3 - 191.
À la demande de nombreux utilisateurs, un complément viendra s'ajouter à cette norme. Il faut préciser également qu'il existe maintenant une norme internationale CEI.
Norme européenne CEI IEC 848.

5 Rôle du GRAFCET

Présenté sous la forme d'un organigramme, il décrit dans une suite logique et organisée, le cycle et le déroulement des différentes opérations, appelées « étapes » d'un système automatisé.
Une étape représente une séquence ou une action.

Exemple : - sortie d'une tige de vérin,
- démarrage d'un moteur,
- fermeture d'une porte, etc.

Cet outil graphique, suivant le « point de vue » où l'on se place, permet de définir par n'importe quel utilisateur (technicien ou non) un SAP.

6 Constitution de l'organigramme

Évolution du système

①

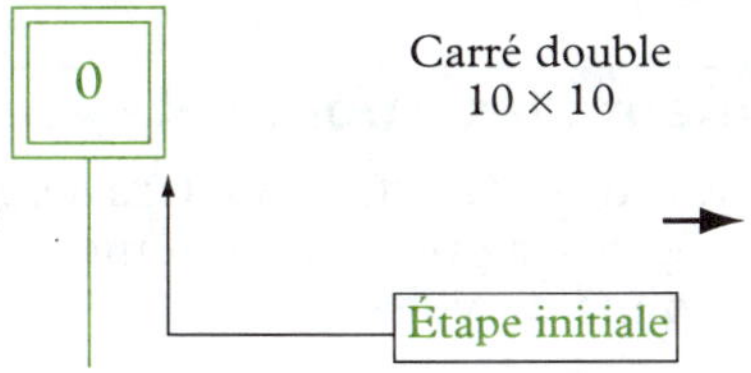

Elle représente le système à l'état repos. Activée au début du cycle.

②

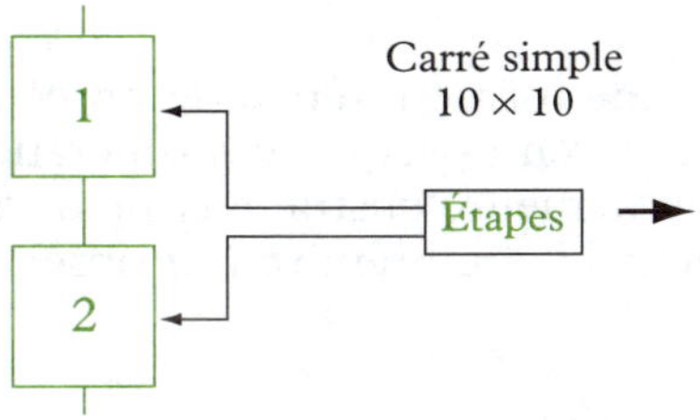

Elles représentent les différentes opérations, numérotées, correspondant au travail à obtenir, dans une suite logique établie par le concepteur. Elles sont activées les unes après les autres.

③

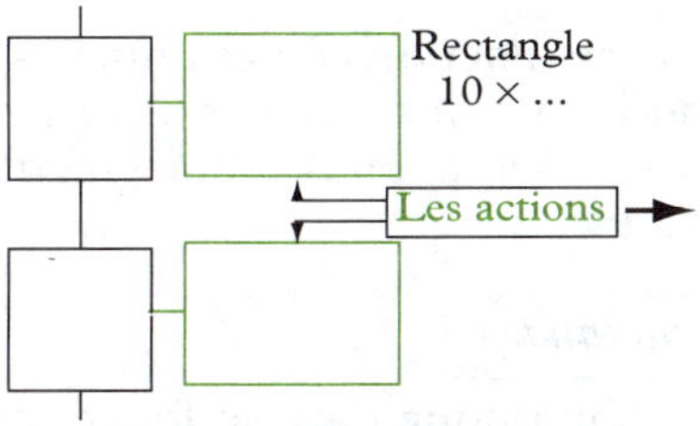

Toujours en association avec une étape, elles décrivent sous différentes formes (littérale ou codée) le travail à effectuer lorsqu'une étape est active.

④

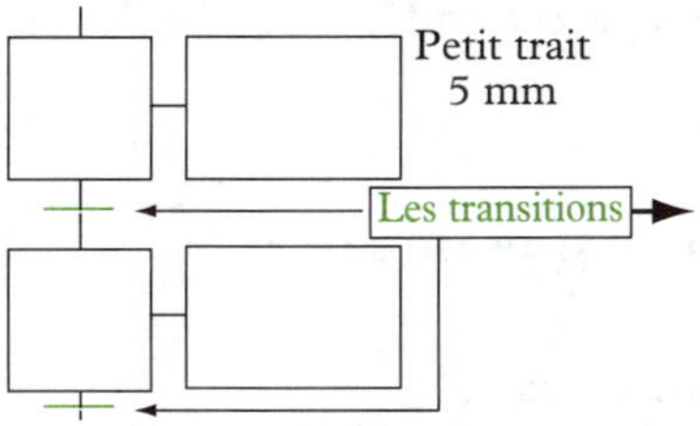

Elles réunissent deux étapes qui se suivent. Il ne peut y avoir qu'une seule transition entre deux étapes. Elle indique l'évolution d'une étape à une autre étape et devient donc un passage obligatoire entre deux étapes.

⑤

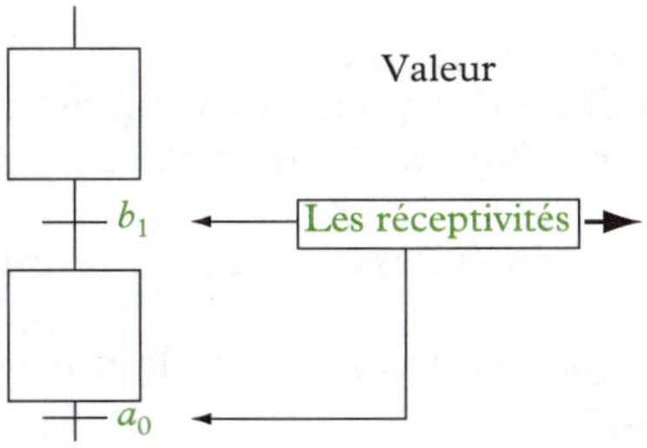

Sur chaque transition est associée une réceptivité. Le franchissement de cette transition ne peut avoir lieu que si :

1. la transition est validée ;
2. la réceptivité associée est vraie.

Il en résulte la désactivation de l'étape précédente et l'activation de l'étape suivante.

L'organigramme établit une relation à caractère séquentiel entre :
- les entrées (transfert d'informations PO → PC) ;
- les sorties (transfert d'informations PC → PO).

7 Description du comportement : les « points de vue »

La spécification « point de vue » décrit à quel niveau se place le concepteur pour donner une description du système.
On considère donc trois « points de vue » :

Le point de vue « Système »

Ce GRAFCET décrit, sous une forme littérale, le procédé, la coordination et l'évolution des différentes séquences (opérations) relatives au système. La description demeure abstraite et ne demande pas de notions d'automatisme pour la comprendre (on observe l'évolution du produit).

Le point de vue « Partie opérative »

Ce GRAFCET décrit sous forme d'actions fonctionnelles le comportement de la PO pour obtenir les actions désirées. À ce niveau, le choix technologique est fait (on observe le comportement des actionneurs). Il est de forme littérale.

Le point de vue « Partie commande »

À ce niveau, le concepteur s'implique dans le fonctionnement de la partie commande. Le langage est codé. Il reçoit des informations et émet des ordres.

8 Réalisation d'un GRAFCET (graphe linéaire)

Exemple
Poste de peinture automatisé (fig. 1).

Cahier des charges
- La pièce sera positionnée manuellement.
- Une action sur le bouton « départ cycle » provoquera :
1. la sortie de la tige du vérin (vitesse lente) : mise en peinture de la pièce.
2. la rentrée de la tige du vérin (vitesse rapide) : retour en position initiale.
Dans cet exemple, il n'est pas tenu compte de la mise en marche et de l'arrêt du pistolet de peinture.

Schéma :

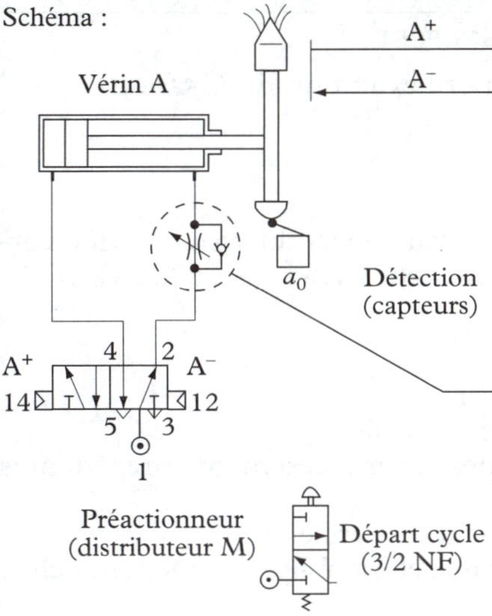

Fig. 1

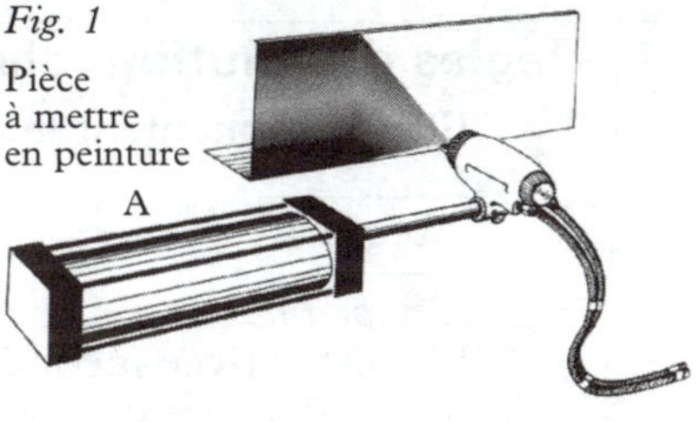

(Document Crouzet)

Remarque : Réglage de vitesse sur la sortie du vérin

Dans cet exemple simple, il ne sera traité que les GRAFCET :

Point de vue « PO »	*Point de vue « PC »*
Rappel : dans ce GRAFCET, le système sera décrit sous forme littérale, sans tenir compte de la technologie utilisée.	Il faut maintenant décrire sous forme d'actions codées ce même système ; le choix technologique est retenu.

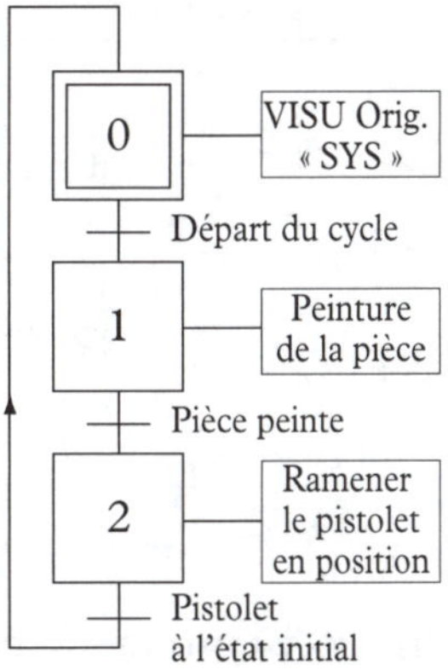

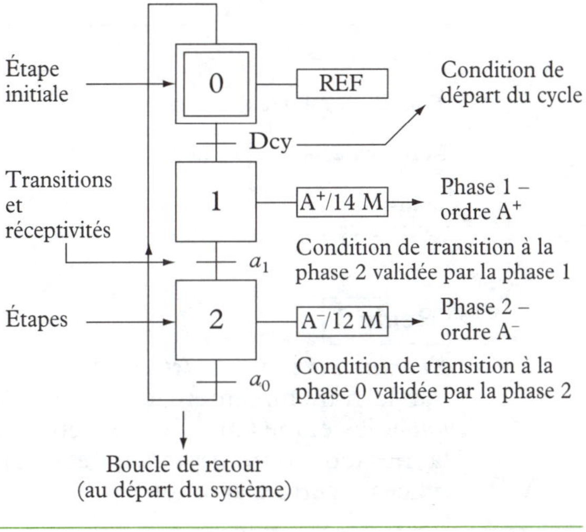

7 RÈGLES D'ÉVOLUTION

1 Règles d'évolution relatives au GRAFCET

Elles réglementent le déroulement et l'évolution du GRAFCET.

Règle 1

L'étape initiale

Elle est activée inconditionnellement au départ du système. Elle correspond souvent à un comportement repos vis-à-vis de la PO.

Règle 2

Franchissement d'une transition (fig. 1)

Cette condition ne peut se produire que si :

- la transition est validée (étapes immédiatement précédentes actives),
- et si la réceptivité qui lui est associée est vraie (= 1).

La transition devient alors franchissable et est obligatoirement franchie.

Fig. 1

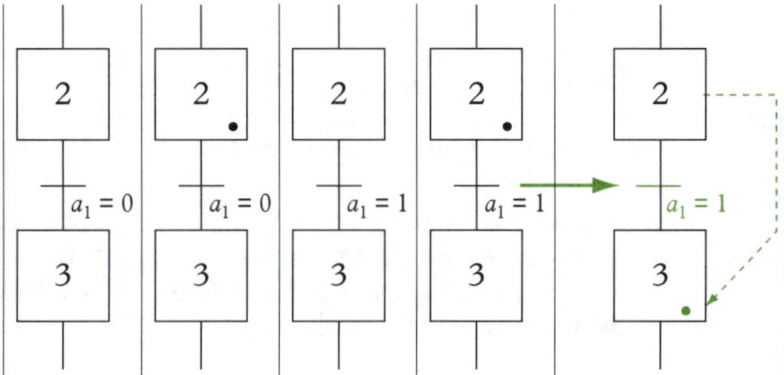

Étapes actives	—	2	—	2	3
Transition validée	non	oui	non	oui	Le franchissement est autorisé et obligatoirement franchi
Réceptivité vraie	non	non	oui	oui	
Transition franchissable	non	non	non	oui	

Règle 3

Évolution des étapes actives (fig. 2)

Par le franchissement d'une transition, ceci entraîne l'activation *de toutes* les étapes immédiatement suivantes reliées à cette transition et la désactivation *de toutes* les étapes immédiatement précédentes, reliées à cette transition.

Fig. 2

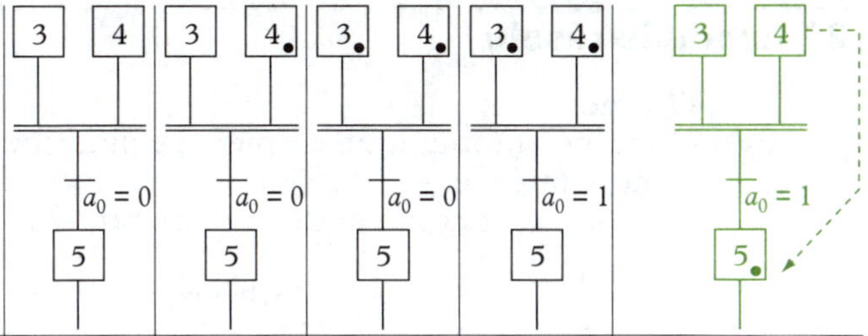

Étapes actives	—	4	3 et 4	3 et 4	5
Transition validée	non	non	oui	oui	oui
Réceptivité vraie	non	non	non	oui	oui
Transition franchissable	non	non	non	oui	est franchie

Règle 4

Évolutions simultanées (fig. 3)
Plusieurs transitions simultanément franchissables (franchissables en même temps) sont simultanément franchies (franchies en même temps).

Fig. 3

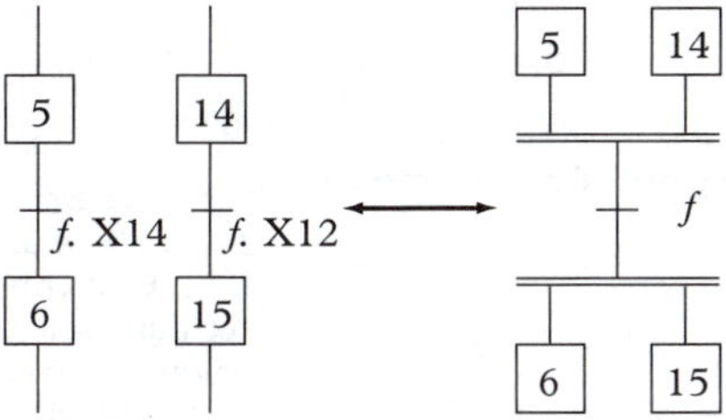

Si 5 active, X12 = 1
Si 14 active, X14 = 1
Si 14 inactive, X14 = 0

Cette règle permet de décomposer le GRAFCET en plusieurs diagrammes tout en assurant leur interconnexion.
Les transitions *f.* X14 et *f.* X12, franchissables en même temps, assurent la synchronisation des deux séquences.

Règle 5

Activation et désactivation simultanées
Si, au cours du fonctionnement, une même étape doit à la fois être désactivée et activée, elle reste active.

2 Exemple résolu

Thème

- Perçage automatique de pièces cylindriques (fig. 4).
- Choix imposé.
- Puissance et commande pneumatiques.

Schéma du système

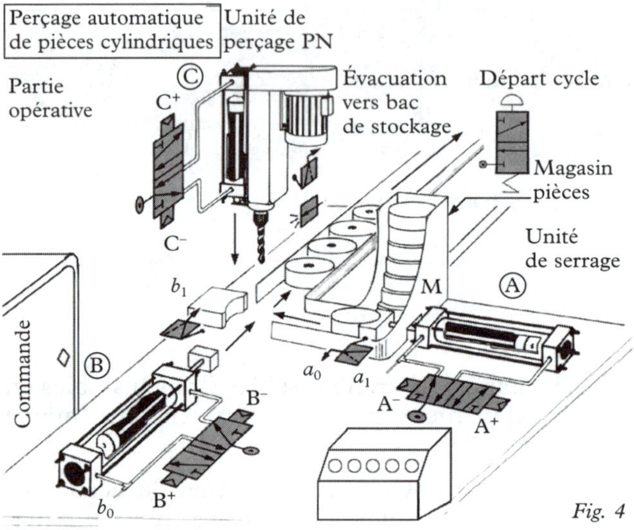

Fig. 4

(Document Joucomatic)

Description des composants

- 3 vérins DE ;
- 4 distributeurs 5/2 PN bi stable ;
- 3 capteurs mécaniques 3/2 NF mécaniques et 3 chutes de pression ;
- boutons 3/2 NF à 1 ou 2 positions ;
- 1 unité de perçage ;
- 1 FR et 1 FRL ;
- présence pièce, capteur « *p* ».

Description du système (fig. 5)

Fig. 5

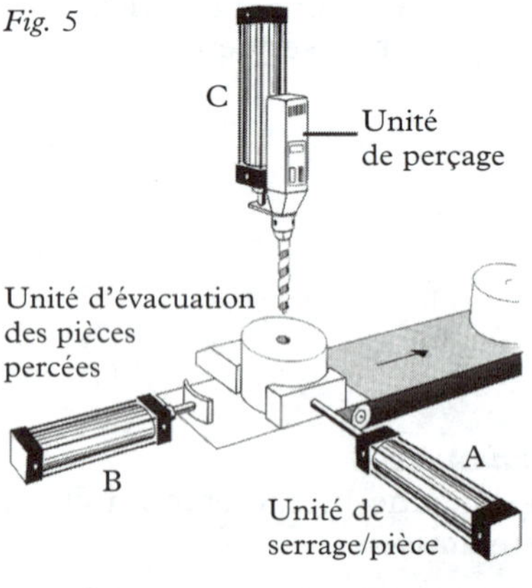

But du montage
Le travail consiste à réaliser dans une pièce cylindrique un trou de diamètre 14 mm. La pièce sera mise en place manuellement dans le magasin M.
L'action sur le bouton « départ cycle » provoquera le départ du système et le déroulement des opérations décrites ci-dessous.

Rôle des trois vérins

Vérin A : unité de serrage de la pièce avec A^+ et A^-
Vérin C : unité de perçage avec C^+ et C^-
Vérin B : unité d'évacuation des pièces avec B^+ et B^-
(signe + = sortie du vérin ; signe – = rentrée du vérin).

Cycle à obtenir (cahier des charges)

1 →	Mise en place de la pièce sur la butée Serrage de la pièce Mise en marche de l'unité de perçage	Sortie du vérin A ⇒ A^+ Rotation moteur R^+
2 →	Perçage de la pièce	Sortie de la tige du vérin C ⇒ C^+
3 →	Fin de perçage de la pièce	Remontée du vérin C ⇒ C^-
4 →	Arrêt de l'unité de perçage Desserrage de la pièce	Arrêt moteur R^- Rentrée du vérin A ⇒ A^-
5 →	Évacuation de la pièce percée	Sortie du vérin B ⇒ B^+
6 →	Mise en place du nouveau cycle	Rentrée du vérin B ⇒ B^-

Fonction à assurer	Actionneurs	Préactionneurs	Capteurs	Accessoires en ligne
↔ A Avance et serrage	Vérin VDE.PN Simple tige	Distributeur 5/2 Bistable Pression / pression	IP 3/2 NF CCP (IN)	RDU / A^+ Amorti / A^-
↕ C Perçage	Vérin VDE.PN Simple tige	Distributeur 5/2 Bistable Pression / pression	IP 3/2 NF IP 3/2 NF	RDU / C^+ Amorti / C^-
↔ B Évacuation pièce	Vérin VDE.PN Simple tige	Distributeur 5/2 Bistable Pression / pression	IP 3/2 NF CCP (IN)	RDU / B^+ Amorti / B^-

Construction des GRAFCET

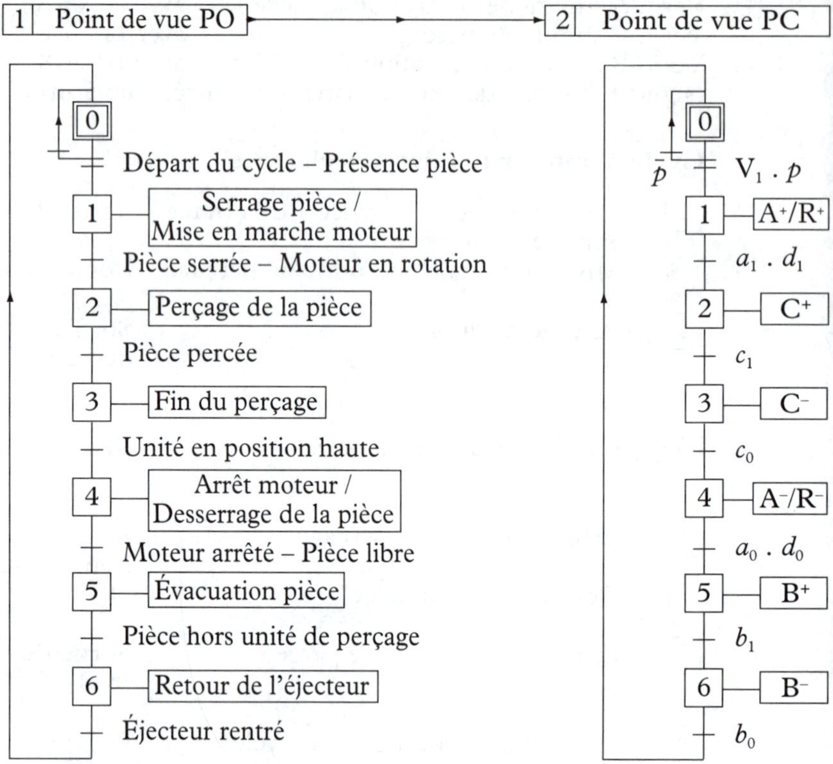

Pourquoi ?

Ce GRAFCET est établi sous une forme écrite littérale pour éventuellement des non-spécialistes. Il décrit le déroulement du système et ne présume pas des moyens utilisés.

Pourquoi ?

Ce GRAFCET met en œuvre et décrit la partie opérative (PO). À ce niveau, le type de technologie est choisi et son évolution décrite.

Pour qui ?

Il est souvent utilisé pour vendre ou décrire un système. Il est l'outil idéal pour expliquer un système à des non-professionnels ou établir un cahier des charges.

Pour qui ?

Ce GRAFCET s'adresse cette fois à des spécialistes. Il est utilisé pour la réalisation ou le dépannage des systèmes automatisés.

Méthode d'élaboration des GRAFCET

Point de vue PO

1. Définir, *sans en oublier,* le nombre d'opérations à effectuer, ce qui déterminera le nombre d'étapes.
2. Il est préférable :
- pour les actions d'adopter l'infinitif.
Exemple : percer, éjecter ;
- pour les transitions d'adopter un participe passé.
Exemple :
pièce percée - pièce éjectée.

Point de vue PC

À ce niveau, il faut choisir la technologie. Il faut définir le système et faire le choix des composants, sur les actionneurs, préactionneurs, détection et type de commande.

3 Système d'automatisation de perçage (document Atlas Copco)

Applications

1 Sertissage automatique de pièces cylindriques

Fig. 6 **Schéma du système**

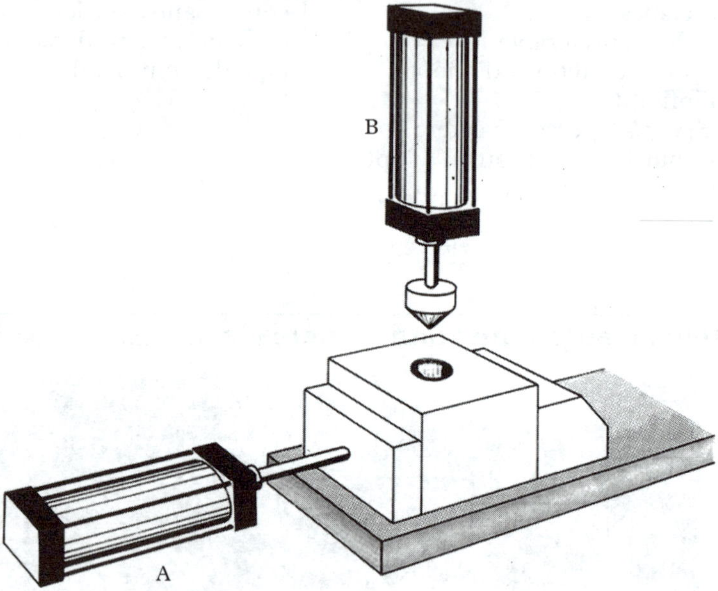

(Document Crouzet)

Description du fonctionnement

Ce système simple a pour fonction le sertissage d'une douille en cuivre dans une pièce prismatique. L'ensemble est constitué de deux vérins A et B et de deux boutons de commande m_1 et m_2. La pièce étant amenée à son emplacement par robot (ne pas tenir compte dans les GRAFCET), le vérin A applique la pièce sur la butée, alors le vérin B, en deux courses aller et retour, effectue le sertissage.
Un 2e robot retire la pièce sertie du montage.

Description du cycle

1. Serrage de la pièce sur la butée.
2. 1re frappe du vérin.
3. 2e frappe du vérin.
4. Desserrage de la pièce.

Matériel utilisé

- 2 vérins de Ø25 - course 200 mm.
- 2 distributeurs 5/2 bistable - commande PN.
- 4 capteurs 3/2 NF.
- 2 boutons M.A. 3/2 NF.
- 1 simulateur équipé FRL.

2 Conditionnement de produits dangereux

Description du fonctionnement
Ce système de conditionnement de produits, dont la manipulation est réglementée, est constitué d'une trémie et de deux vérins A et B. Le produit est stocké dans la trémie et le déplacement des caisses se fait sur un tapis roulant. Un capteur « p » contrôle la présence du carton sous la trémie. Grâce aux deux vérins A et B, la quantité de produit est déterminée puis libérée dans le carton situé en dessous.
La condition de départ se fera si :
1. un carton sous la trémie est présent ;
2. une action sur « départ cycle » est appliquée.

Description du cycle
Après avoir détecté la présence du carton :
1. fermeture de la trémie par le vérin B ;
2. remplissage du contenu de la trémie par le vérin A ;
3. fermeture de la trémie pour déterminer la quantité de produit par le vérin A ;
4. transfert du produit dans le carton par le vérin B.

Matériel utilisé (logique combinatoire)
- 2 vérins de Ø25 - course 250 mm.
- 2 distributeurs 5/2 PN.
- 4 capteurs 3/2 NF - PN.
- 1 simulateur équipé FRL.
- 1 bouton poussoir 3/2 NF.
- 1 capteur (contrôle présence carton).

Fig. 7 **Schéma du système**

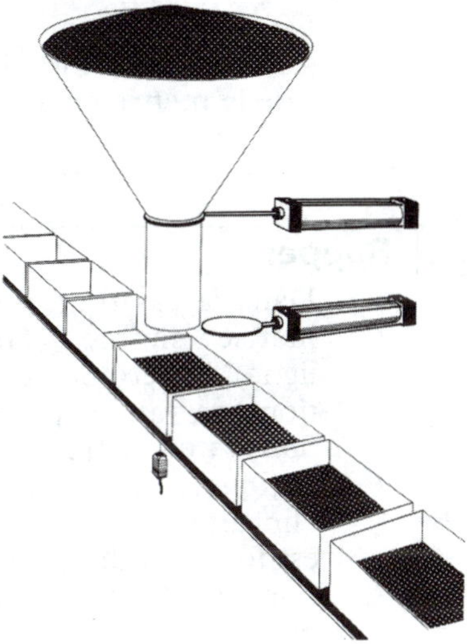

(Document Crouzet)

Proposition de TP

Établir, pour chaque système dont le cycle est décrit, les différents GRAFCET (point de vue système et point de vue PO). Exécuter ensuite les schémas de puissance et de commande en respectant la normalisation.

Possibilité d'application sur simulateur
Il est possible de faire exécuter ces deux thèmes en logique combinatoire ou de les adapter par la suite à la technologie des séquenceurs ou de l'automate.

CAS PARTICULIERS

1 Objectifs

Ce chapitre permet :
- d'établir et de lire les particularités du GRAFCET ;
- de le mettre en application sur des SAP.

2 Rappel

Dans le cas d'un système automatisé simple (GRAFCET en ligne), le déroulement des opérations se fait étape après étape, dans un ordre déterminé et logique. Le GRAFCET est dit « linéaire ». Le nombre d'étapes est fonction du nombre d'opérations à effectuer (voir chapitre précédent).

Fig. 1

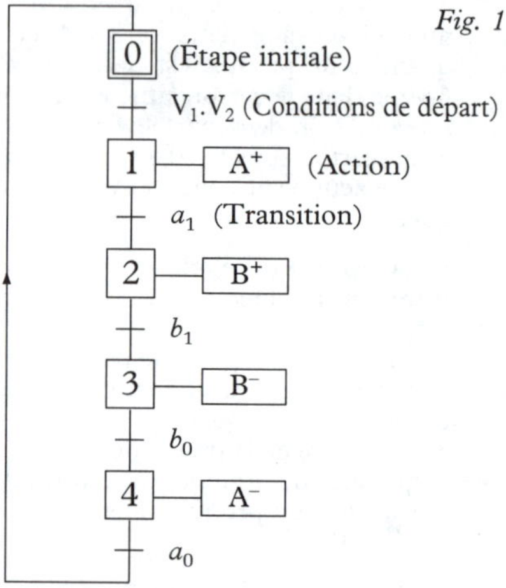

Point de vue PC

3 Les séquences multiples

Pour des impératifs de cahier des charges, le mécanisme peut devenir plus complexe. Les GRAFCET vont donc évoluer de manières différentes comme le fait de pouvoir choisir des séquences ou d'exécuter plusieurs séquences en même temps.
Les GRAFCET vont donc se représenter, au niveau de la structure graphique, de manière différente.

Exemples :
Les applications sont nombreuses et variées dans le domaine industriel. Citons :
- l'usinage, en série, de pièces sur plateau à indexation,
- le tri et le conditionnement de produits alimentaires, pharmaceutiques ou de grande consommation.

Suivant le cycle et les opérations à effectuer, le GRAFCET va se décomposer en deux ou plusieurs séquences. Elles seront lues en même temps ou alternativement.

La séquence exclusive ou choix de séquence — OU

Pourquoi ?

Cette configuration du GRAFCET apparaît quand, à la sortie d'une étape, le chemin que peut prendre le cycle, a la possibilité de se faire, suivant l'état des réceptivités, sur différentes séquences. La séquence choisie s'exécute seule (fig. 2).

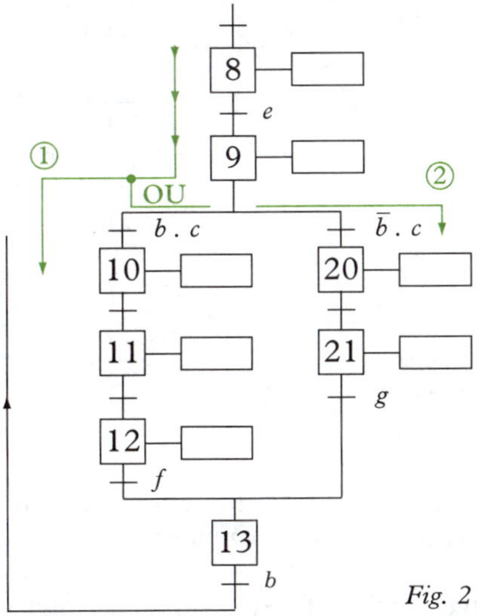

Fig. 2

Dans ce cas, suivant l'état des variables, le cycle évoluera vers ① ou ②.

Interprétation

2 possibilités :

[8] [9] [10] [11] [12] [13]

ou

[8] [9] [20] [21] [13]

Les séquences simultanées — ET

Pourquoi ?

Cette configuration du GRAFCET apparaît chaque fois que le franchissement d'une transition active plusieurs chemins fonctionnant en parallèle. Leurs exécutions sont indépendantes, mais se déroulent en même temps (fig. 3).

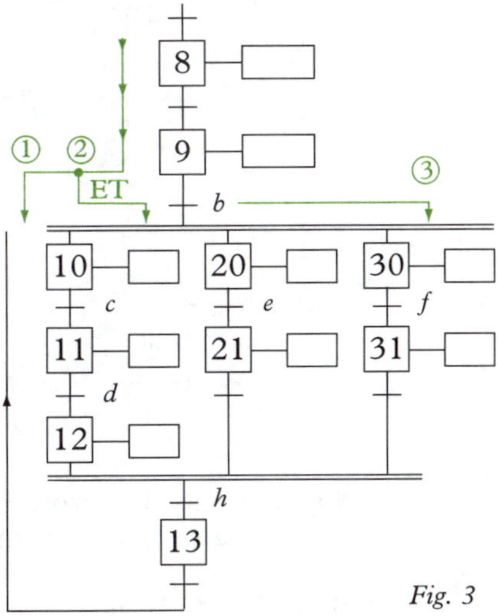

Fig. 3

Dans ce cas, suivant l'état de la variable, le cycle évoluera vers ① et ② et ③.

Interprétation

[8] [9] | [10] et [20] et [30] | [13]

[11] [21] [31]

[12]

les 3 lignes sont lues en même temps

4 Le saut conditionnel

Le saut d'étapes

Pourquoi ?

Cette particularité du GRAFCET est utilisée quand le système demande de passer plusieurs étapes non utiles, à un moment donné.

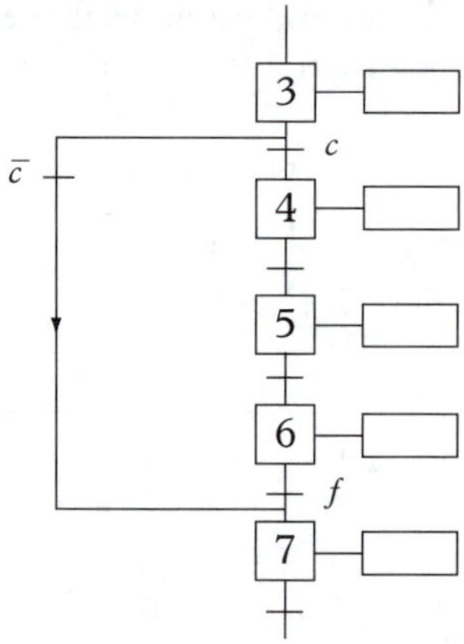

Fig. 4

Dans ce cas, le déroulement des étapes va se faire comme suit.

1. Si $c = 1$ et [3] active, les étapes [4] [5] [6] seront normalement exécutées.

2. Si $c = 0$, les étapes [4] [5] [6] ne seront pas exécutées et le cycle passera directement à l'étape [7].

Application
Cette particularité du GRAFCET permet dans ce cas de ne pas exécuter certains usinages sur une pièce.

La reprise d'étapes

Pourquoi ?

Dans ce cas, inverse du saut d'étape, le cycle permet de reprendre plusieurs fois une même séquence.

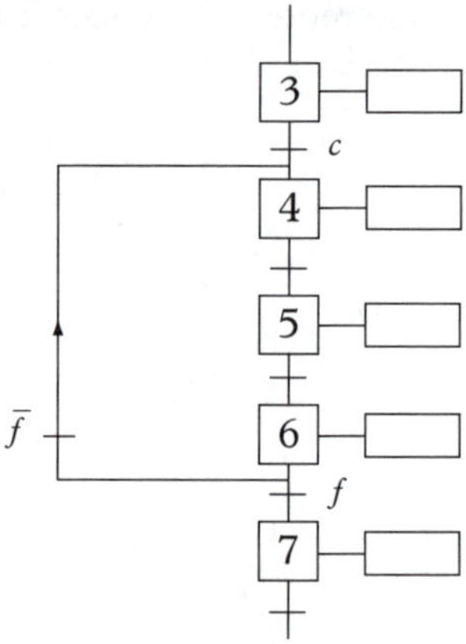

Fig. 5

Ici, le cycle va se dérouler comme suit.

1. Si $f = 1$ et [6] active, on passera à l'étape [7].

2. Si $f = 0$, alors on reprendra les étapes [4] [5] [6].

Application
Cette particularité du GRAFCET permet, par exemple, d'exécuter du comptage en vue de placer des boîtes par paquet de 3.

5 La macroétape

Le but de cette particularité du GRAFCET est d'éviter la surcharge du GRAFCET principal par des détails de fonctionnement à l'intérieur d'une étape. Les détails de réalisation sont décrits et définis par un autre diagramme appelé « expansion de la macroétape » (fig. 6).

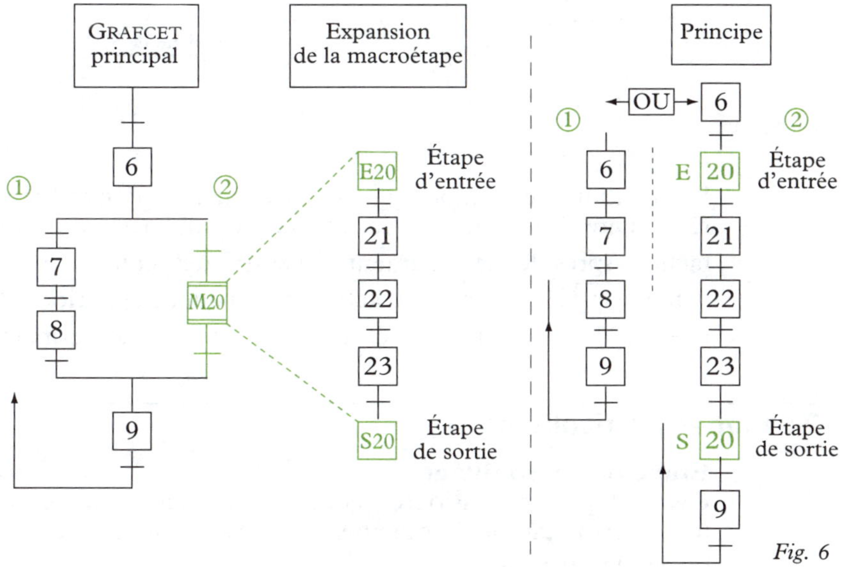

Fig. 6

6 La séquence répétée

Dans un système automatisé, certaines séquences peuvent revenir de façon répétitive dans le cycle. Pour éviter de répéter ces mêmes actions, il est possible d'utiliser un sous-programme. Celui-ci est écrit sous la forme d'un GRAFCET indépendant, connecté au GRAFCET principal (fig. 7).

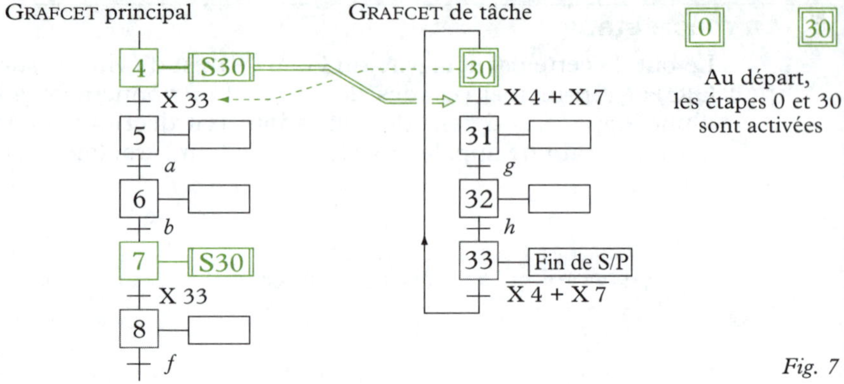

Fig. 7

L'activation de l'étape [4] va provoquer le déclenchement de la réceptivité X33 qui va activer le déroulement du GRAFCET de tâche. Après le déroulement successif des étapes [31] [32] [33], l'étape [30] est de nouveau active et provoque l'apparition de la réceptivité X33 qui autorise le déroulement du GRAFCET principal.

7 Étapes particulières

Étape de verrouillage

Cette étape est considérée comme une étape initiale complémentaire, permettant le déroulement d'une seule séquence à la fois parmi plusieurs possibles.

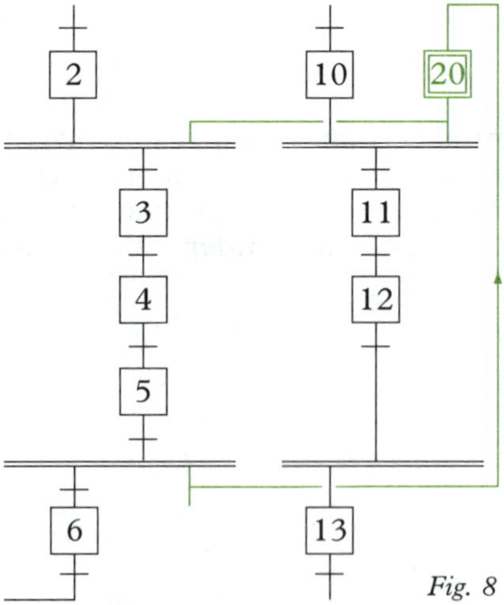

Fig. 8

Dès le démarrage des séquences [3] [4] et [5], l'étape [20] est désactivée, ce qui a pour effet d'empêcher le déroulement de la séquence [11] et [12]. Lorsque la branche [3] [4] et [5] est achevée, l'étape [20] est réactivée et [11] et [12] se déroule à son tour.

8 Étape de synchronisation

Cette particularité se compose d'une étape initiale complémentaire et d'une étape normale. Elles synchronisent deux séquences dans le cas, par exemple, d'une séquence devant obligatoirement se dérouler après une autre.

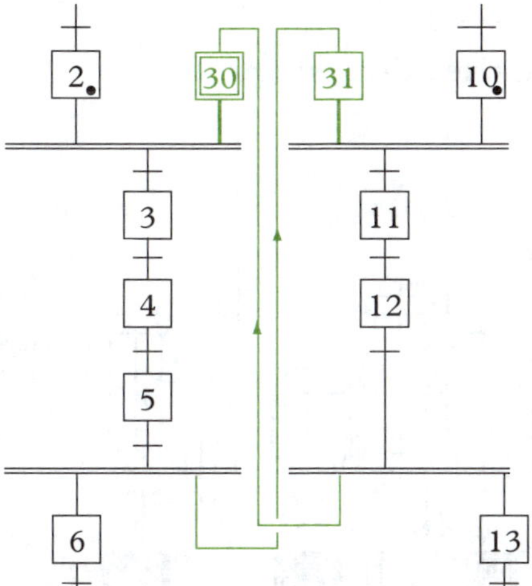

Fig. 9

Dans ce cas, les étapes [2] et [10] sont actives. De ce fait, l'étape initiale [30] d'abord active, permet l'exécution des étapes [3] [4] et [5]. Lorsque cette séquence est terminée, l'étape [31] devient active à son tour et le déroulement des étapes [11] et [12] devient possible. La fin de cette 2e séquence réactive à nouveau le cycle et l'étape [30] se trouve à nouveau active.

9 Mise en application sur un thème industriel

Thème

Mise en forme (pliage) et perçage de pièces.

Pièce avant usinage → **Pièce à obtenir**

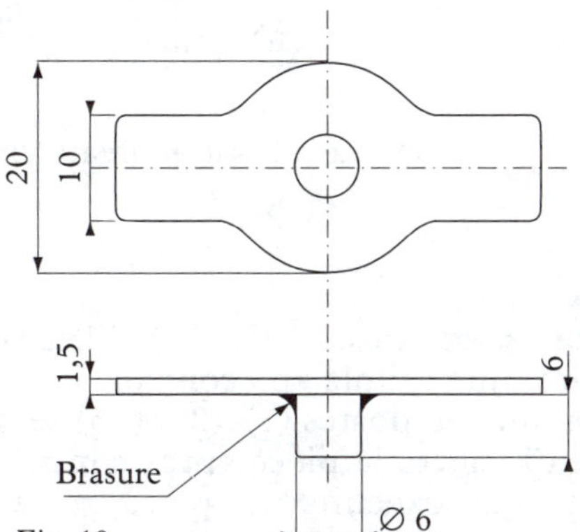

Fig. 10

[1] et [2] plis à 90°

[3] perçage ∅ 3

[4] chanfreins à 90°

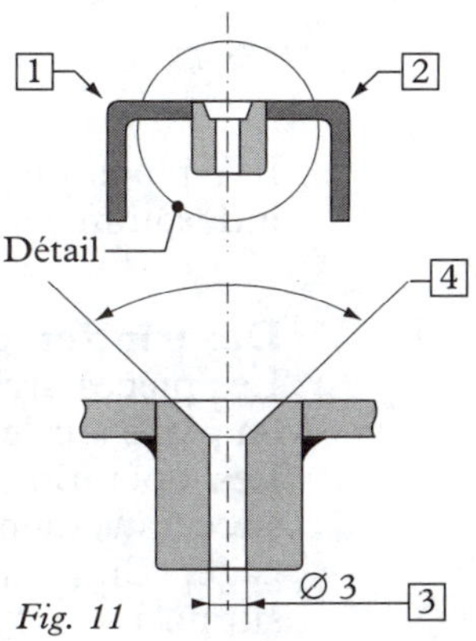

Fig. 11

But du montage

Le travail à exécuter consiste sur ce système automatisé d'usinage à :

1. exécuter 2 plis sur la pièce [1] et [2] ;
2. percer un trou de ∅ 3 mm [3] ;
3. exécuter une fraisure à 90°, profondeur 2,5 mm [4].

Représentation schématisée du système

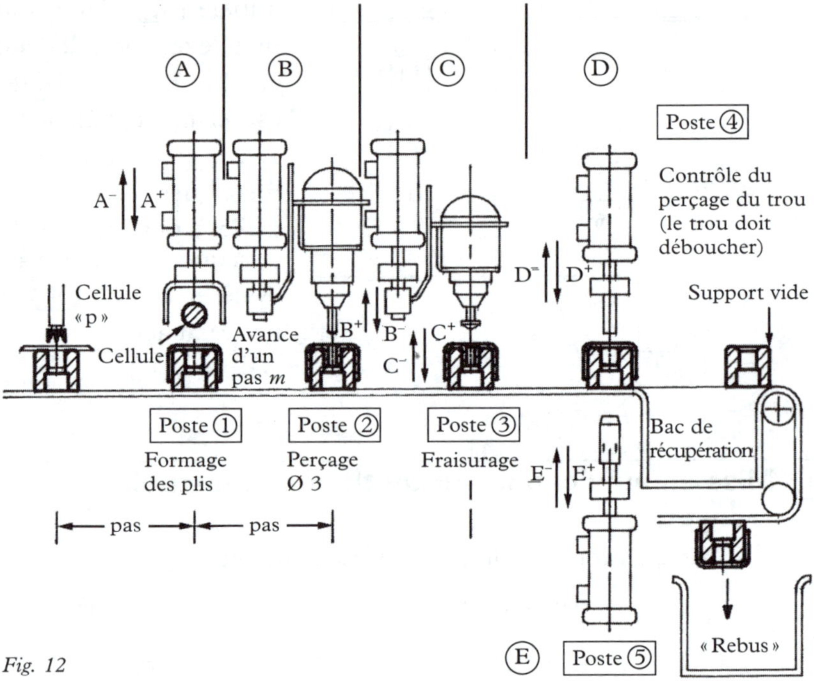

Fig. 12

Il est possible d'exécuter le même travail sur plateau circulaire à indexation.

Description du système

Les pièces arrivent découpées et brasées (fig. 12). Elles sont mises en place sur le tapis roulant, une cellule « p » contrôle leur présence. Les opérations d'usinage sur les postes ① ② et ③ se déroulent successivement. Le poste ⑤ éjecte la pièce après contrôle du perçage. Si le perçage est mal exécuté, la pièce reste sur son support.

Nomenclature des éléments de puissance

Ce système est composé de :
- 5 vérins pneumatiques DE équipés de détection magnétique ;
- 5 distributeurs bi-stables 5/2 - commande électrique ;
- capteurs détection magnétique ;
- boutons 3/2 NF à 1 ou 2 positions pour : départ cycle, cycle court, marche automatique, arrêt d'urgence ;
- 1 voyant présence pièce ;
- 2 cellules présence pièce et avance pas.

Cette nomenclature représente le matériel pour une commande par automate. Si le TP est envisagé pour une commande PN par séquenceur, il faut adapter les préactionneurs et la détection à ce type de matériel.

Étude du cycle à obtenir

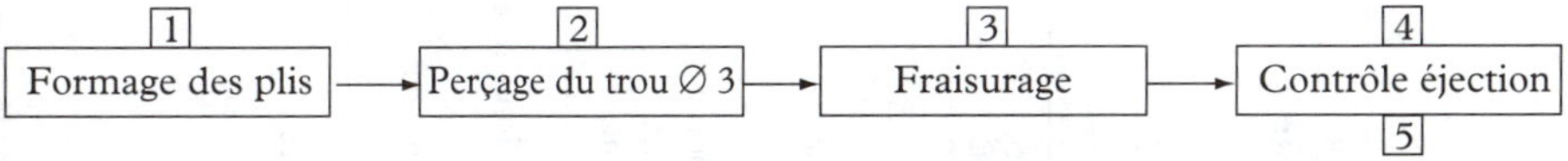

Vérin → A avec A^+ et A^-	Vérin → B avec B^+ et B^-	Vérin → C avec C^+ et C^-	Vérin → D avec D^+ et D^-
Distributeur → M_1	Distributeur → M_2	Distributeur → M_3	Distributeur → M_4
Capteurs → a_0 et a_1	Capteurs → b_0 et b_1	Capteurs → c_0 et c_1	Capteurs → d_0 et d_1

Vérin → E avec E^+ et E^-
Distributeur → M_5
Capteurs → e_0 et e_1

GRAFCET «Point de vue système»

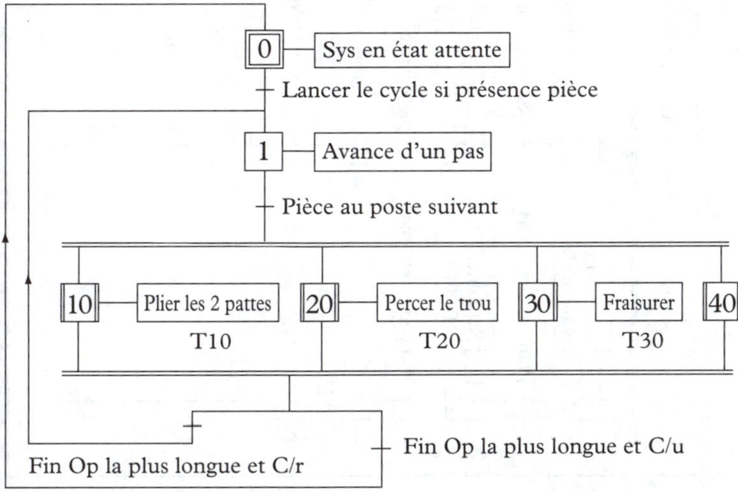

C/u = cycle unique
C/r = cycle répété

Fig. 13

GRAFCET « point de vue PO »

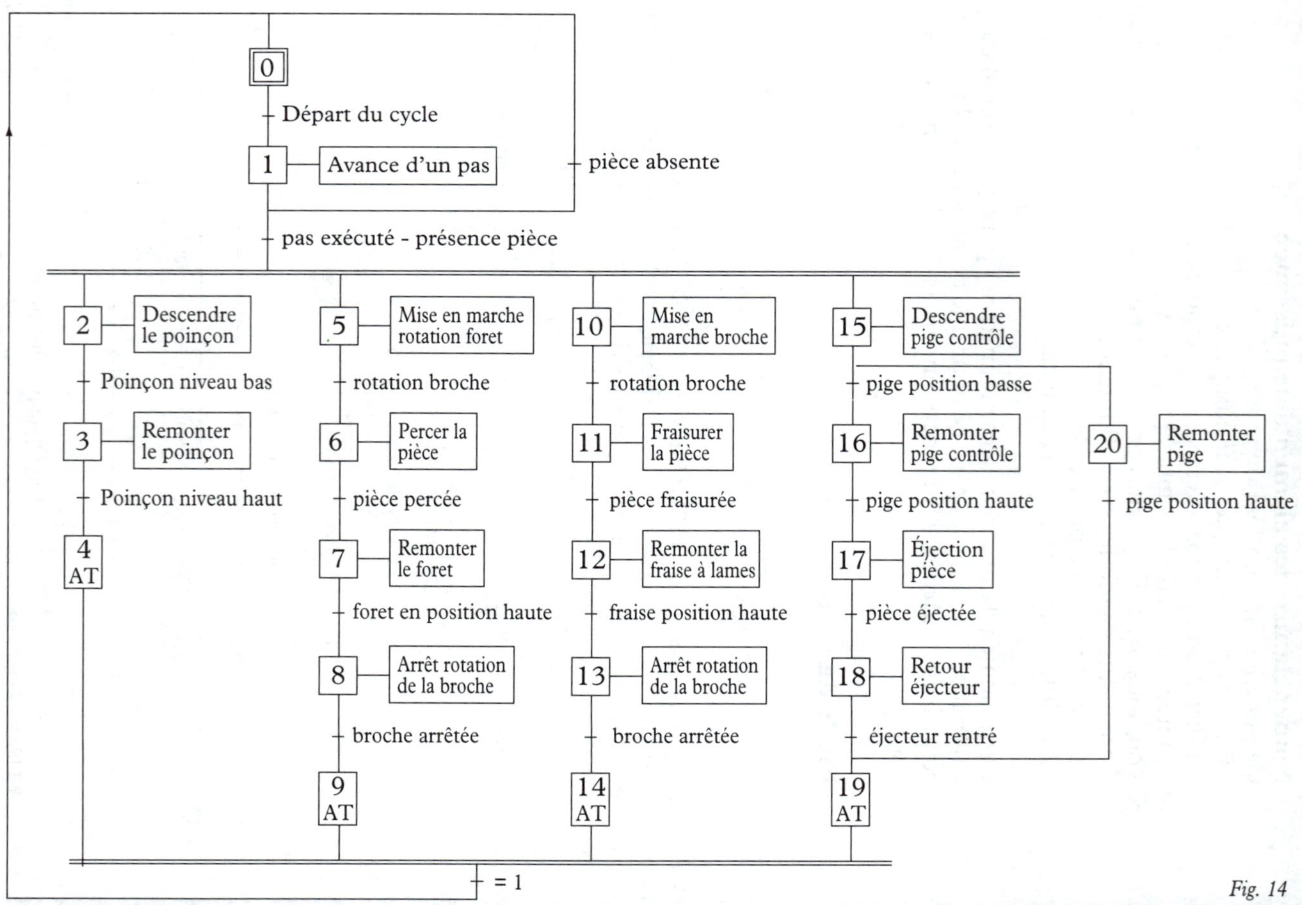

Fig. 14

GRAFCET « point de vue PC »

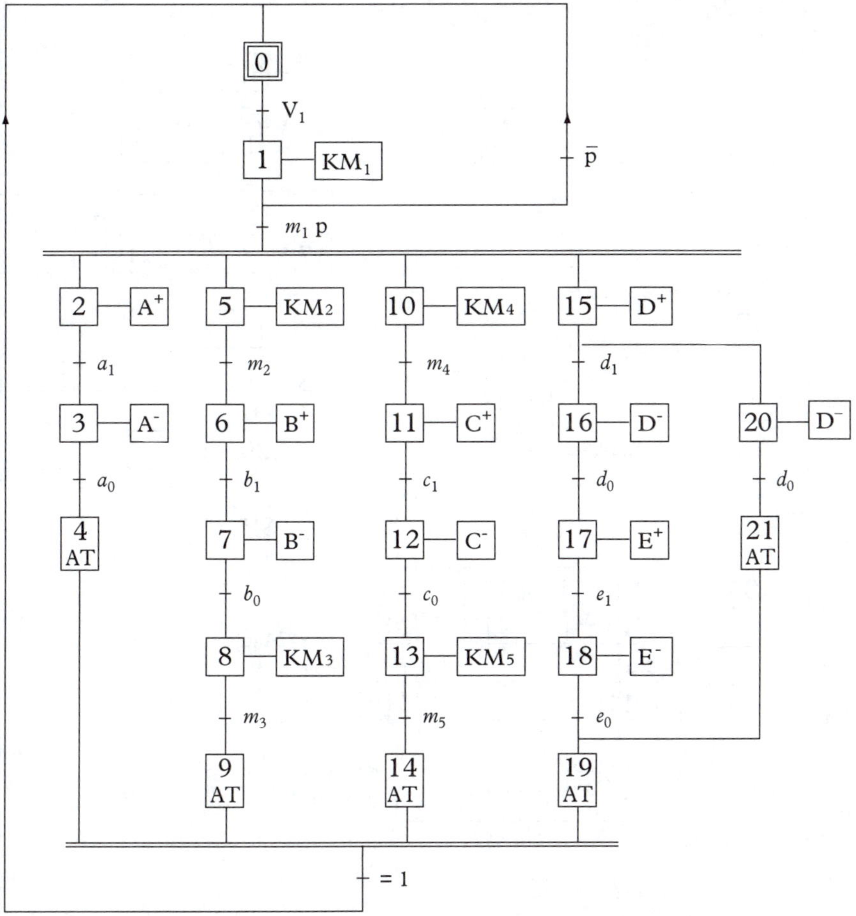

Fig. 15

Dans ce cas, ce n'est que quand les étapes 4, 9, 14 et 19, qui correspondent aux attentes des différentes opérations seront activées, que le cycle repartira car la réceptivité, qui est égale à 1, est toujours vraie.

Pièce mal percée : perçage non débouchant
Dans ce cas, le capteur d_1 n'étant pas activé, l'étape 16 ne sera pas franchie. Il sera demandé à la pige de remonter en position haute, sans déclencher le système d'éjection. La pièce tombera dans un panier « rebut ».

10 Structure générale

Fig. 16

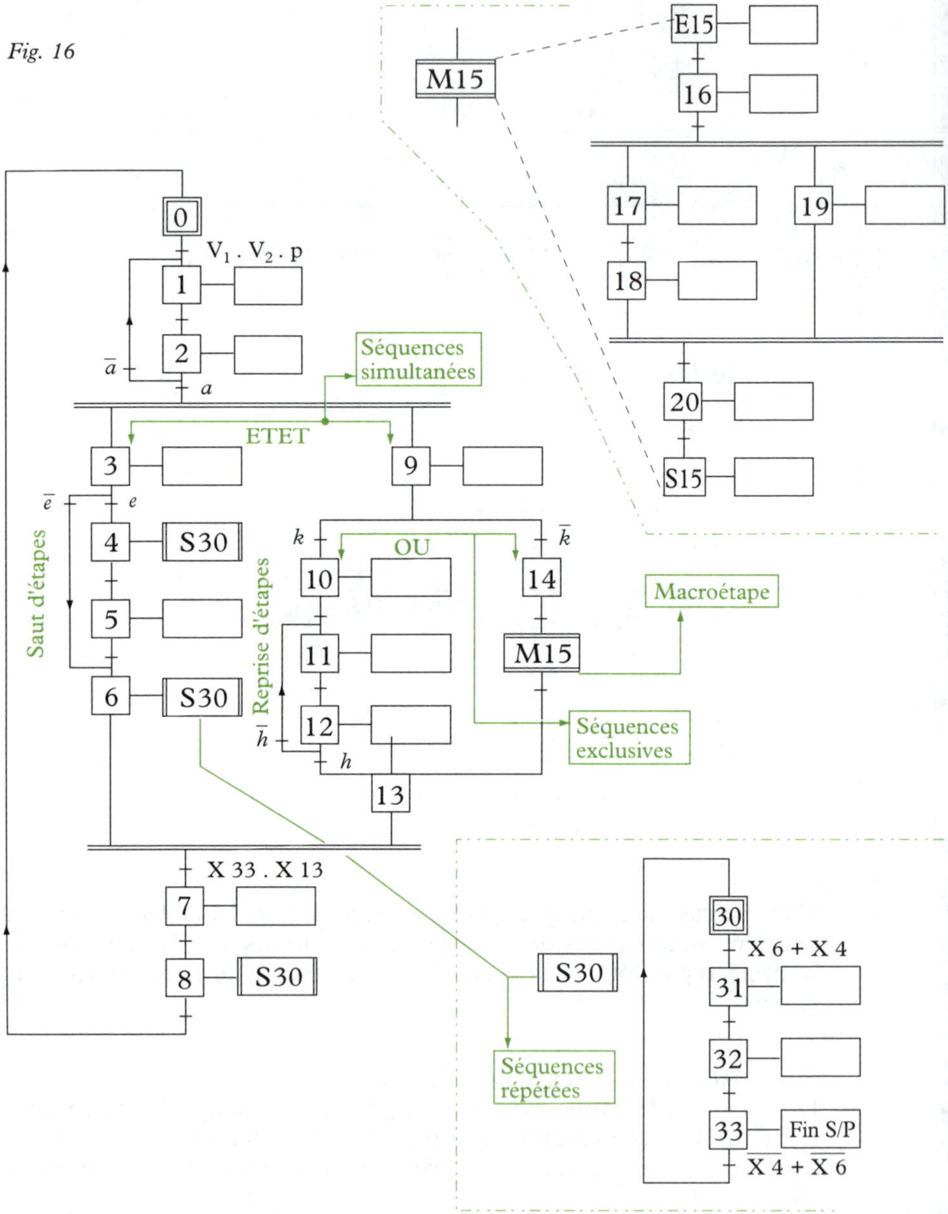

1 Remplissage - Fermeture et contrôle de bouteilles

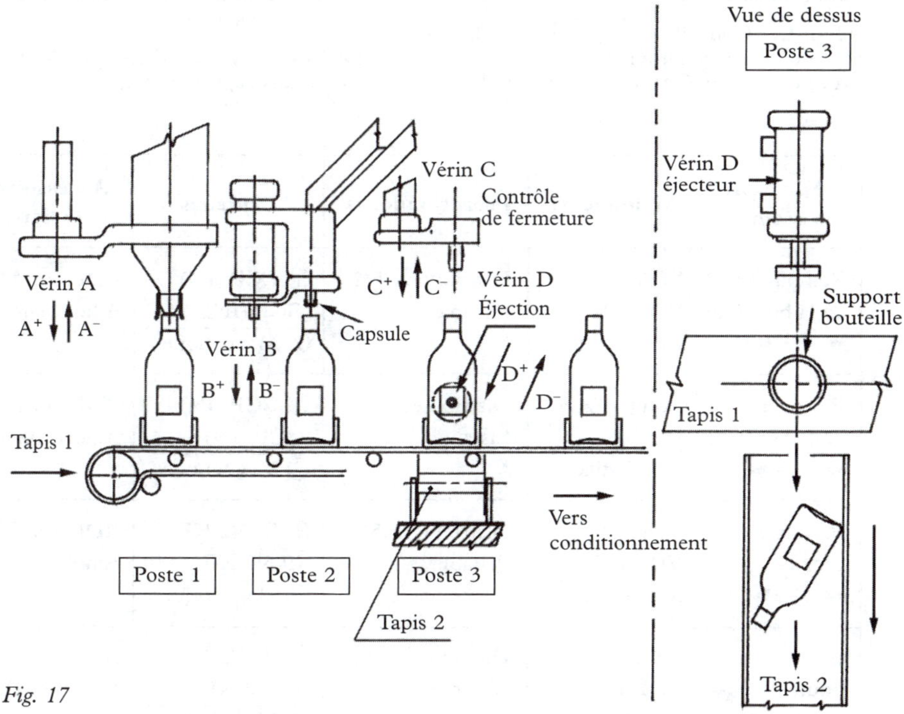

Fig. 17

Principe de fonctionnement

Un système de conditionnement de produit en bouteille est constitué d'un tapis roulant, possédant sur un pas régulier des supports pour le maintien des bouteilles. Le tapis se déplace simultanément devant les 3 postes qui sont dans l'ordre :

1. Remplissage de la bouteille (poste 1).
2. Fermeture de la bouteille (machine à boucher)(poste 2).
3. Contrôle de la fermeture (poste 3).

Les trois opérations se font successivement et en même temps. Il faut donc la fin des trois opérations pour avancer le tapis d'un pas.

Cycle de fonctionnement

Les bouteilles déposées automatiquement sur le tapis (ne pas en tenir compte) arrivent vides devant le poste de remplissage 1. Le remplissage se fait et en même temps, la bouteille précédente est bouchée, pendant que celle de devant est contrôlée (présence du bouchon). Quand ces trois opérations sont effectuées, le système avance d'un pas.

Remarques sur le déroulement du cycle

Le système comporte quatre unités.

Vérin A - Permet de rendre le système étanche pendant le remplissage.
Cycle :
- descente du vérin pour couvrir la bouteille ;
- remplissage de la bouteille ;
- remontée du système.

Vérin B - Système de fermeture de la bouteille - capsule en plastique : un aller-retour du vérin.

Vérin C - Contrôle de la présence de la capsule : un aller-retour du vérin.
Prévoir dans le GRAFCET, la possibilité d'absence de la capsule sur la bouteille. Dans ce cas, la bouteille ne doit pas partir vers le conditionnement et doit être évacuée sur le tapis 2.

Vérin D - Système d'éjection des bouteilles sans capsule : un aller-retour.

Fonction à assurer	**Actionneurs**	**Préactionneurs**	**Capteurs**	**Accessoires de ligne**
Remplissage de la bouteille ←→ A	Vérin VDE.PN Double tige	Distributeur 5/2 Bistable *	① CCP (IN) CCP (IN) ② Magnétiques	RDU sur A^+ Amorti sur A^-
Fermeture de la bouteille ←→ B	Vérin VDE.PN Simple tige	Distributeur 5/2 Bistable *	① CCP (IN) CCP (IN) ② Magnétiques	RDU sur B^+ Amorti sur B^-
Présence capsule ←→ C	Vérin VDE.PN Simple tige	Distributeur 5/2 Bistable *	① IP 3/2 NF IP 3/2 NF ② Magnétiques	RDU sur C^+ Amorti sur C^-
Éjection bouteille ↙↗ D	Vérin VDE.PN Simple tige	Distributeur 5/2 Bistable *	① IP 3/2 NF IP 3/2 NF ② Magnétiques	Amorti sur D^+ et D^-

① → Technologie - commande PN.
② → Technologie - commande automate
* Le distributeur doit être choisi en fonction de la technologie retenue.

Proposition de TP

- Exécuter les GRAFCET PO et PC.
- Exécuter le montage sur simulateur en choisissant la commande PN ou électrique.

2 Tri automatique de caisses

Schéma de principe

Formes des caisses à transférer

1) Caisse contenant des paquets de lessive

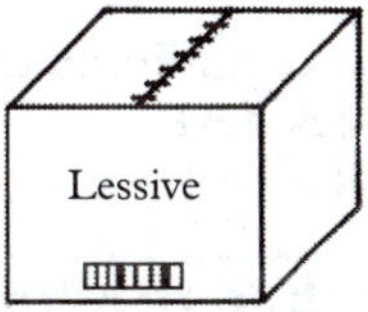

2) Caisse contenant des savons

Étiquettes en « codes barres »

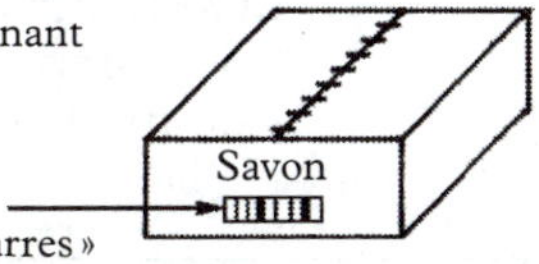

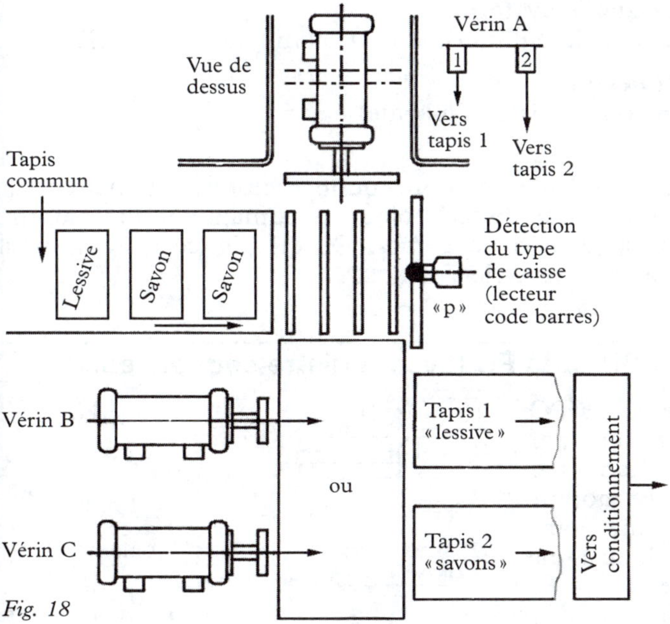

Fig. 18

Principe de fonctionnement

Dans une usine produisant de la lessive et du savon en cycle automatique, après conditionnement, les caisses de formes et de hauteurs différentes arrivent sur un tapis roulant sans être triées. Un système constitué de trois vérins :
- vérin A : permet de pousser les caisses non triées ;
- vérin B : permet de pousser les caisses « lessives » sur le tapis 1 ;
- vérin C : permet de pousser les caisses « savons » sur le tapis 2.

Proposition de TP
- Exécuter les GRAFCET point de vue PO et PC.
- Exécuter le montage sur simulateur.

Le tapis ① et le tapis ② orientent les caisses vers leurs destinations finales afin d'être mises sur palettes.

Cycle de déroulement des étapes

Le type de caisse est reconnu quand celles-ci arrivent devant le vérin A. Elles déclenchent un aiguillage qui traitera :
tapis 1 : grandes caisses « lessives » ;
tapis 2 : petites caisses « savons ».

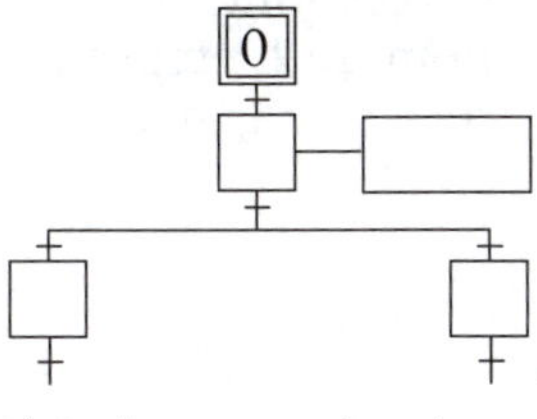

Fig. 19

Le vérin A poussera la caisse soit :
a) devant le tapis 1 ;
b) devant le tapis 2.
La dernière séquence déclenchera le retour du vérin A qui autorisera l'arrivée d'une nouvelle caisse.

LE SÉQUENCEUR MODULAIRE

1 Objectifs

Ce chapitre permet :
- d'établir la relation entre le GRAFCET et la technologie de commande PN ;
- de comprendre et d'utiliser la technologie du « séquenceur PN » ;
- de mettre en application sur des SAP.

2 Définition du « séquenceur modulaire » (pneumatique)

Sa situation dans le système
Ses composants se situent dans la partie commande des SAP.

Sa source d'énergie
Elle est pneumatique (air non lubrifié).

Son rôle
Ces appareils modulaires, de conception évolutive, permettent de traiter tout automatisme de technologie pneumatique, pouvant être décomposé en séquences ou étapes. De ce fait, ce système peut directement s'associer avec le GRAFCET.

3 Relation entre la PO et la PC (avec registre séquenceur)

Le dialogue entre la PO et la PC se fait par séquence ou étape par étape. Chaque module correspond à une étape du GRAFCET, donc à une action repérée.
Le nombre de modules correspond donc au nombre d'étapes à effectuer (cas général).

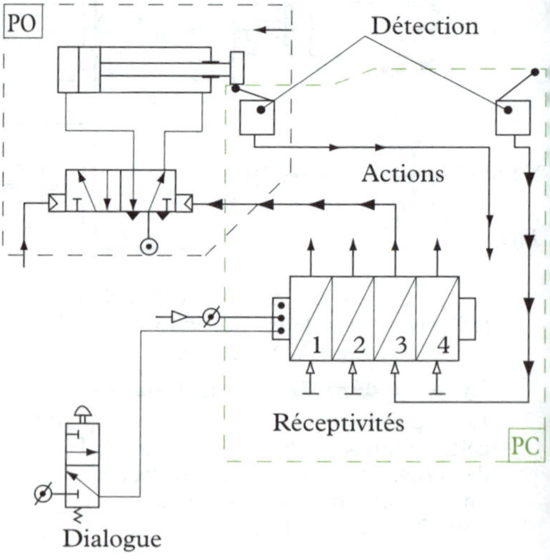

Ex. : départ du cycle *Fig. 1*

(Document Télémécanique)

Principe de fonctionnement
À chaque étape du GRAFCET, le registre séquenceur délivre un ordre de travail (ex. : pilotage du distributeur), puis reçoit en retour le signal de contrôle de l'exécution du mouvement en provenance de la détection. À ce stade, il autorise le passage à l'étape suivante.

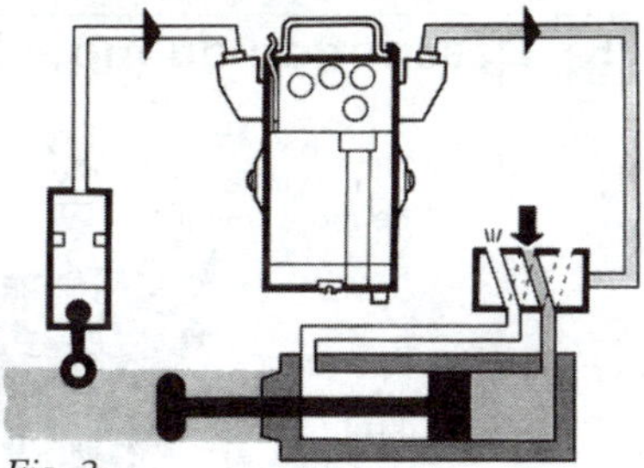

Fig. 2

4 Description de l'ensemble « registre séquenceur »

Les différents éléments se montent sur un rail DIN oméga et s'assemblent les uns aux autres.

Constitution de l'ensemble (source Télémécanique)

Ⓐ

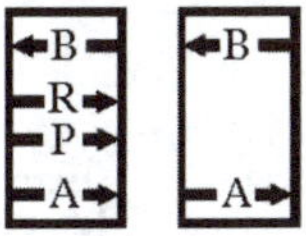

1. Extrémités de tête et de queue

Cet ensemble comprend deux parties se plaçant à chaque extrémité de l'ensemble. Elles permettent le raccordement des boucles A et B, l'alimentation en air sec et l'utilisation du canal R de remise à zéro.

Fig. 3

Ⓑ

2. Le module

Le module séquenceur se compose de deux parties :
- une embase ;
- le module de commande.

Fig. 4

3. La dérivation

Ⓒ

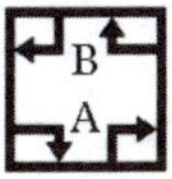

Cet élément se place entre les modules. Il permet de dériver les boucles A et B tout en laissant passer P et R. Il est utilisé dans le cas des aiguillages, séquences simultanées, saut ou reprise d'étapes.

Fig. 5

5 Description du module séquenceur Télémécanique

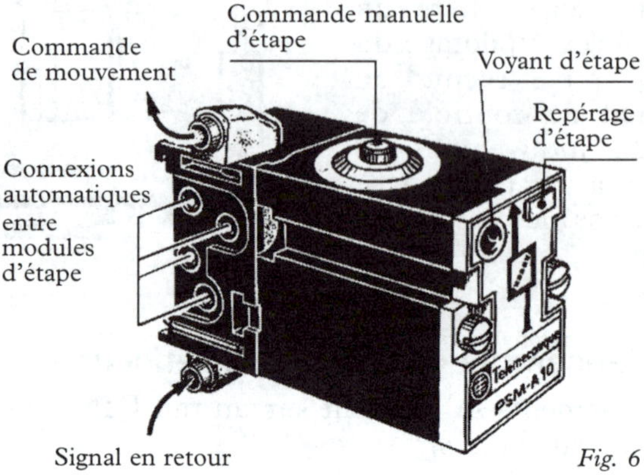

Fig. 6

Ce module comprend deux parties distinctes.
- Une embase de connection des modules entre eux avec raccords rouges → Commande des mouvements et raccords verts → Signaux en retour (détection).
- Le module de commande (vissé sur l'embase).

6 Forme commerciale de l'ensemble

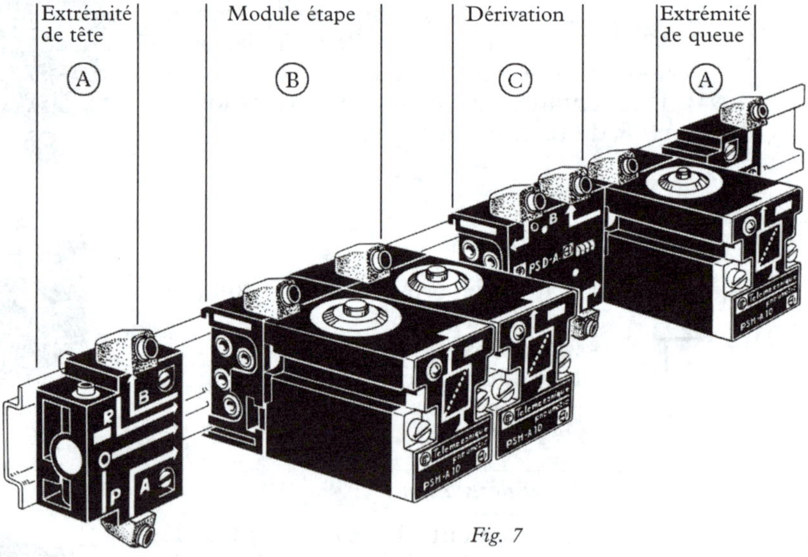

Fig. 7

(Source Télémécanique)

Principaux fabricants :
- Crouzet ;
- Bosch ;
- Télémécanique ;
- Festo ;
- Climax ;
- Joucomatic.

Il faut noter qu'il existe quelques différences au niveau du câblage entre les différentes marques, mais le principe de fonctionnement reste le même.

7 Avantages des séquenceurs

Avant d'énumérer les avantages des séquenceurs dans les logiques de commande, il faut préciser que, bien que toujours produite, cette technologie est largement supplantée par la logique programmée (automate). Néanmoins, elle présente des avantages comme :
- la simplicité de mise en œuvre, qui peut se faire par du personnel non spécialisé en automatisme (maintenance) ;
- la source d'énergie pour la commande et la puissance est la même, ce qui en fait un système homogène ;
- la recherche de panne est facile ; le séquenceur est équipé d'un système de visualisation qui matérialise l'étape d'arrêt par un voyant ;
- en cas de panne, il suffit de changer le module défaillant (maintenu par deux vis sur son embase), sans avoir à démonter l'ensemble ;
- il s'adapte à tous les milieux (humide, déflagrant, poussiéreux).

8 Mise en œuvre sur un SAP

Thème

Découpe d'un trou carré dans une pièce en tôle fine 10/10.

Objectif

Sur un thème simple, faire le parallèle entre :

le GRAFCET → le séquenceur

Forme du produit fini

Pièce en laiton de 5/10 Eps.

Fig. 8

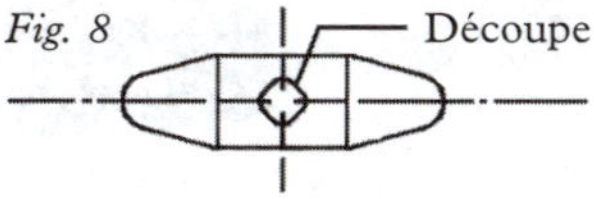

Schéma du système

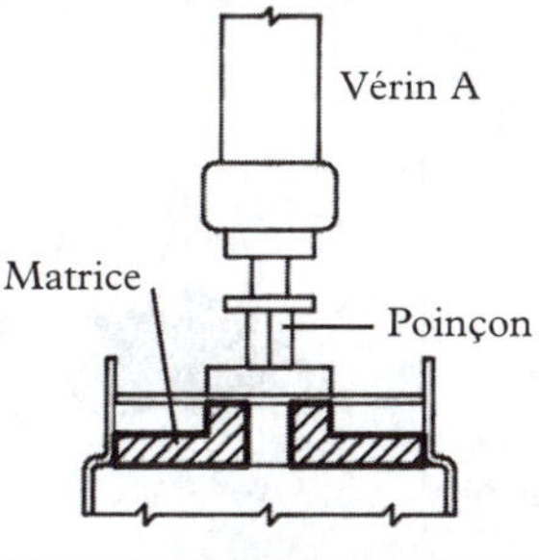

Vue de dessus

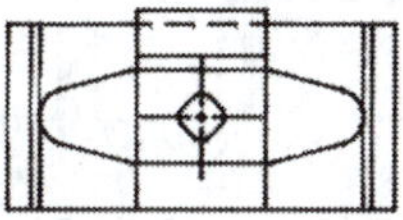

Schéma de la PO

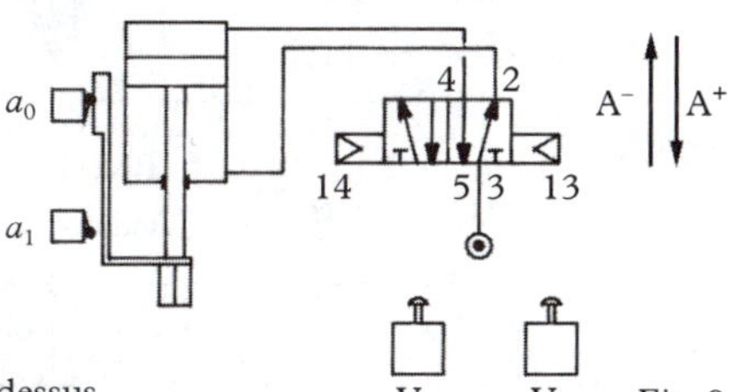

Fig. 9

GRAFCET point de vue PO **GRAFCET point de vue PC** **Solution**

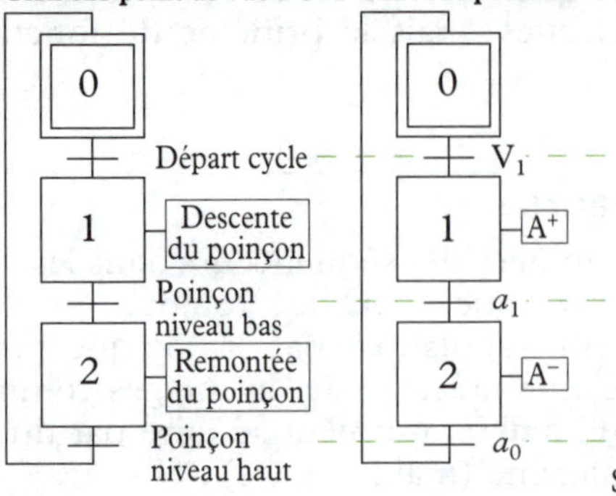

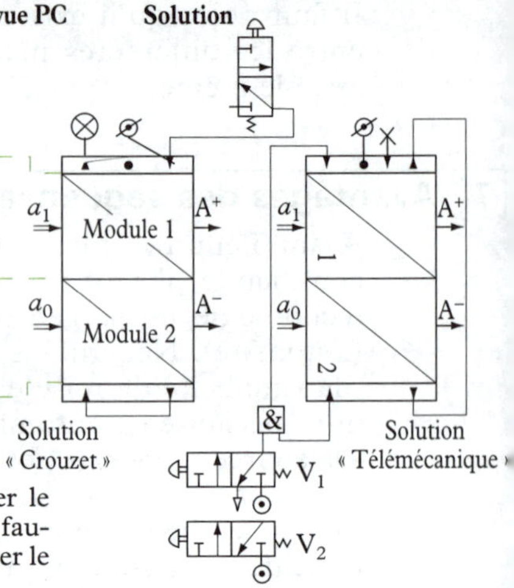

Modification

D'après le thème de la page 65, modifier le départ cycle en ajoutant un 2e bouton. Il faudra donc appuyer sur V_1 et V_2 pour exécuter le cycle de poinçonnage.

9 Câblage des différents constructeurs

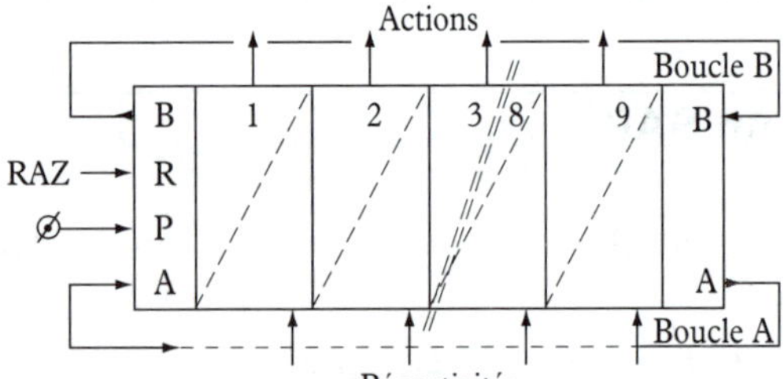

Document Télémécanique

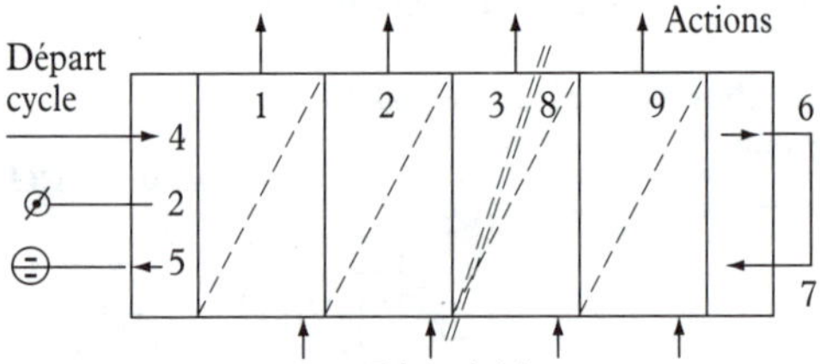

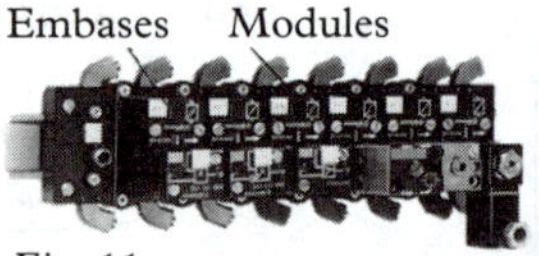

Fig. 11

Document Joucomatic

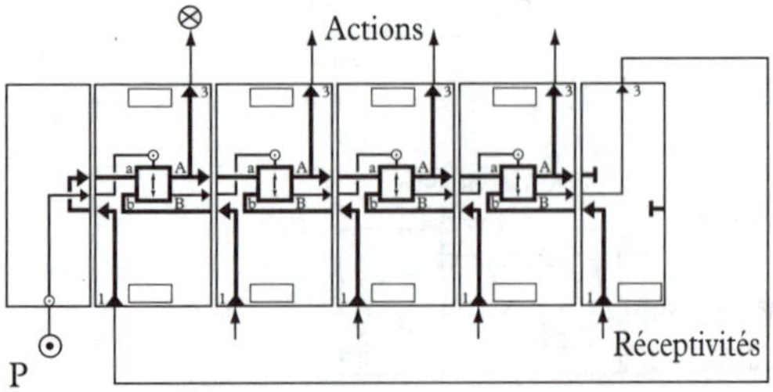

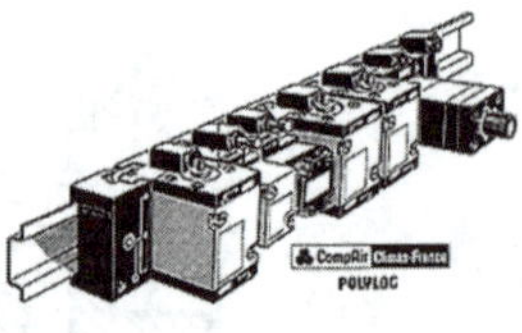

Fig. 12

Document Climax

Sertissage automatique de pièces cylindriques

Explications du fonctionnement
(voir chapitre 7 page 44).

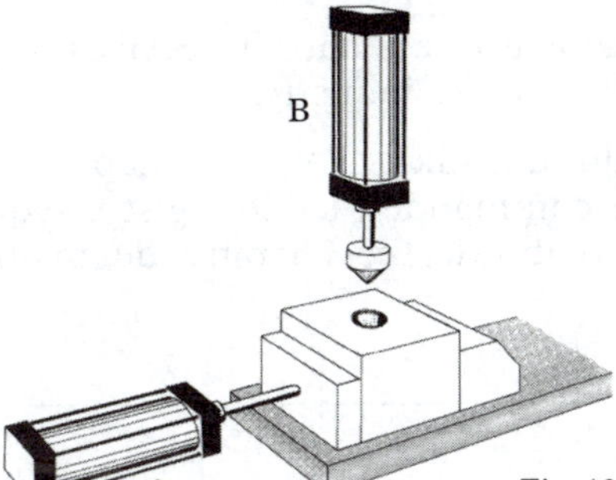

Fig. 13

Mode de marche : cycle/cycle.
- Serrage de la pièce → vérin A.
- Sertissage de la pièce → vérin B.
- Départ du cycle → boutons m_1 et m_2.

Schéma partie opérative

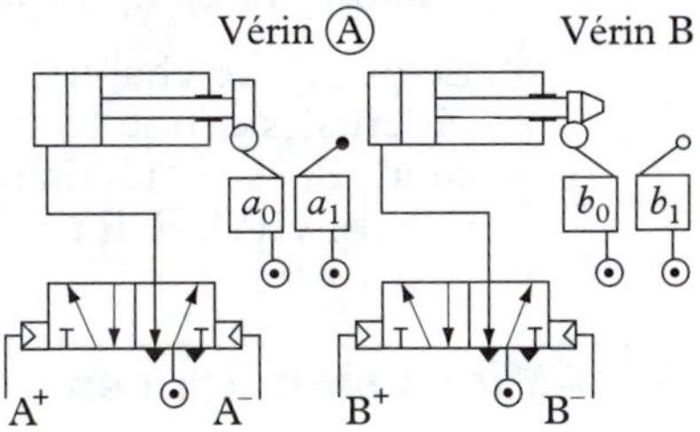

GRAFCET point de vue PO

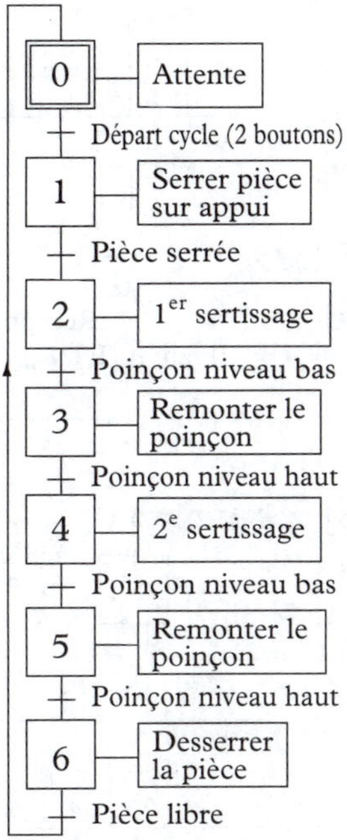

GRAFCET point de vue PC

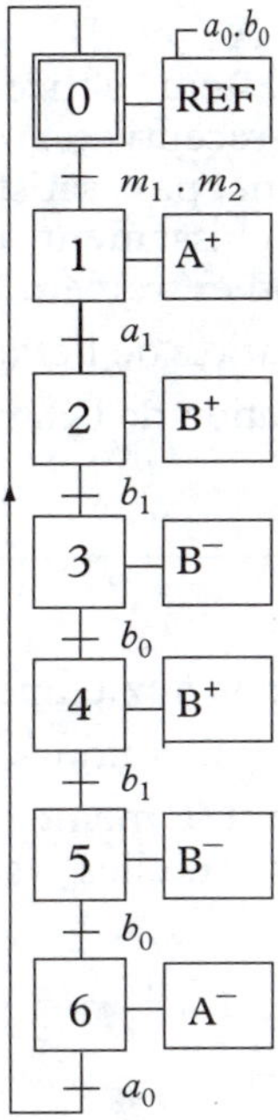

Construction du séquenceur

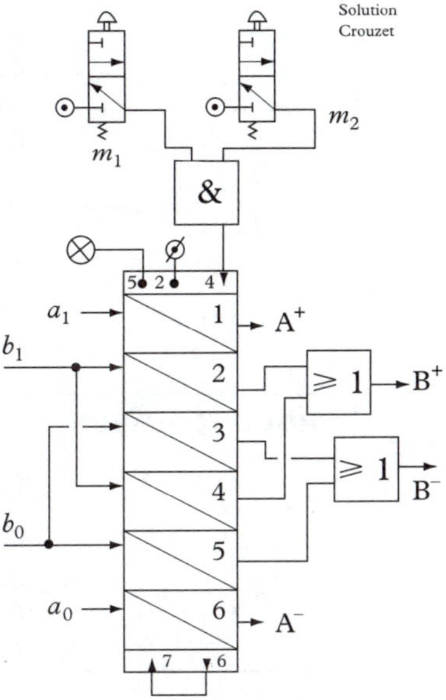

Proposition de TP

Exécuter, sur simulateur, le montage de ce système.

CAS PARTICULIERS

1 Objectifs

Ce chapitre permet :
- d'établir la relation entre le GRAFCET et la technologie de commande ;
- de décrire les différentes solutions utilisées dans les SAP ;
- de mettre en application sur des thèmes industriels.

Le but de ce chapitre est de traduire le GRAFCET (voir chapitres précédents) sur une technologie de commande : ici, le registre séquenceur. Il est souhaitable, avant d'aborder ce chapitre de maîtrise « l'outil GRAFCET ».

2 Actions simultanées

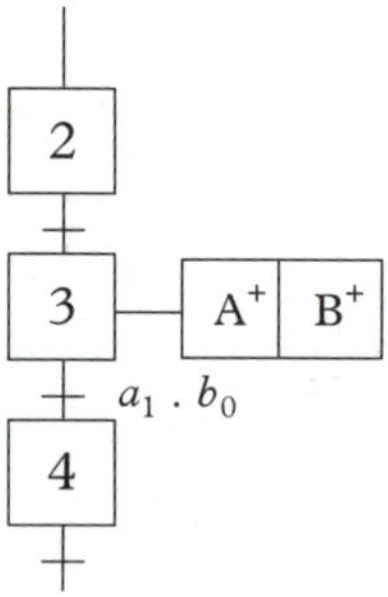

Dès que l'étape 3 est active, elle déclenche en même temps les deux actions A^+ et B^+. Cette étape restera active tant que les réceptivités $a_1 . b_0$ ne seront pas satisfaites. Le franchissement de la transition entraînera la désactivation de l'étape 3 et l'activation de l'étape 4.

Fig. 1

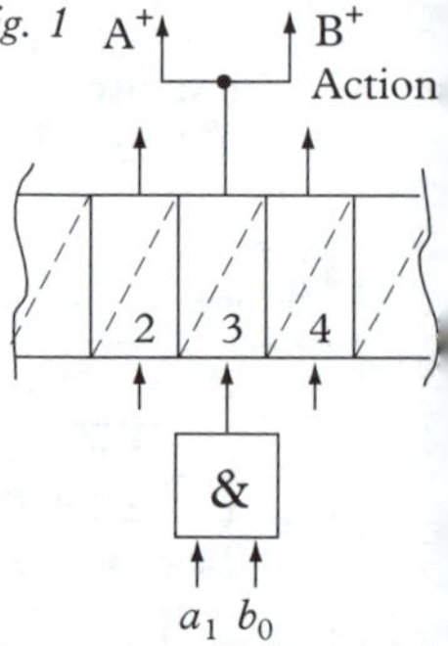

(Il faut a_1 ET b_0)

3 Actions répétées

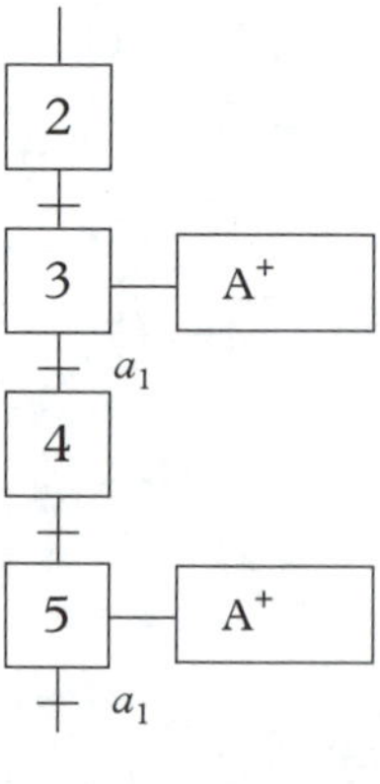

Les actions aux étapes 3 et 5 sont identiques. Elles délivreront la même action A^+, lorsqu'elles seront actives.

Fig. 2

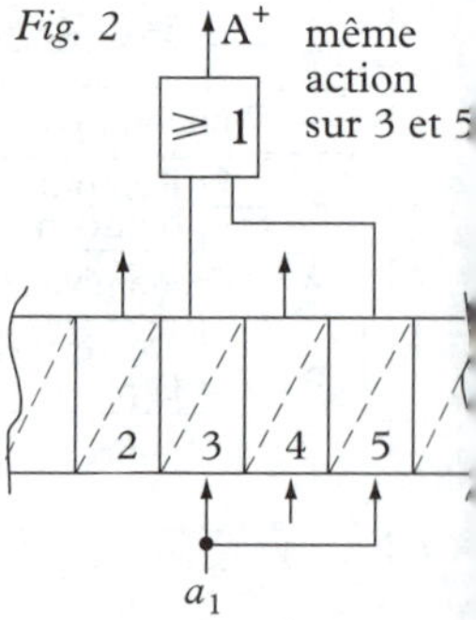

La réceptivité a_1 est la même sur les étapes 3 et 5.

4 Actions temporisées

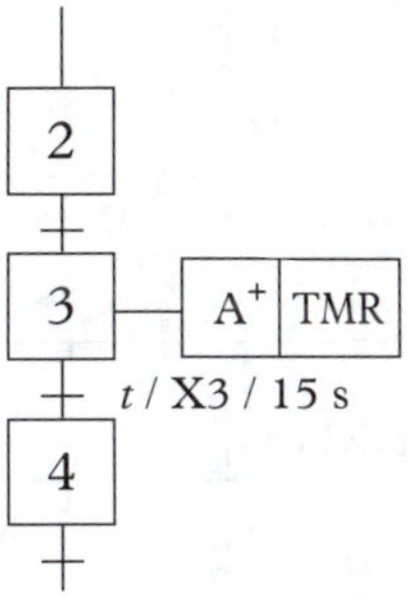

Fonction temporisation

Dès que l'étape 3 est activée, elle délivre le signal de début de temporisation. La durée de l'étape sera fonction du temps inscrit sur la « tempo » ; ici : 15 secondes.

Fig. 3

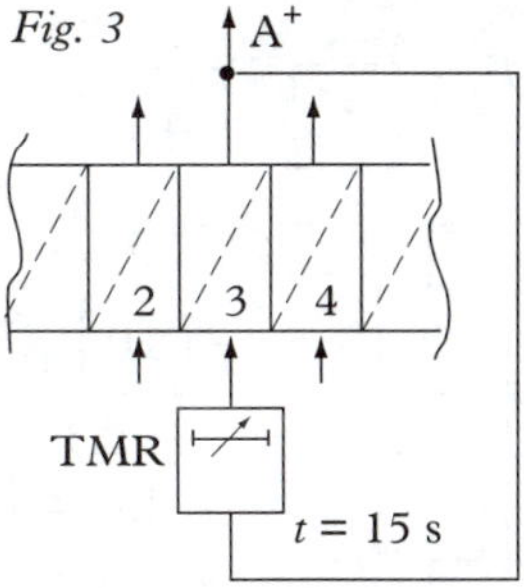

La temporisation délivrera le signal de fin de temporisation

5 Actions différées

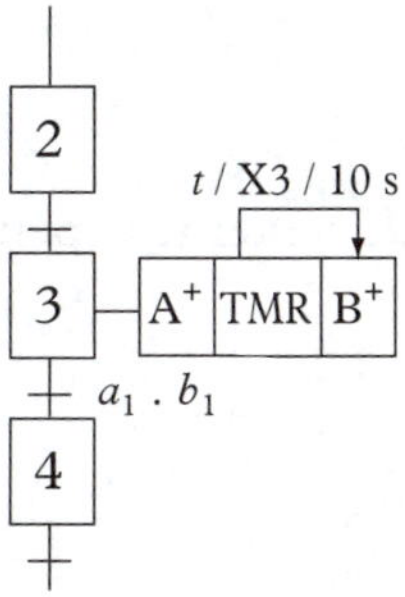

Dès que l'étape 3 est activée, elle déclenche le mouvement A^+. Le début de l'action B^+ interviendra dans un temps qui sera fonction du réglage de la temporisation ; ici : 10 secondes.

Fig. 4

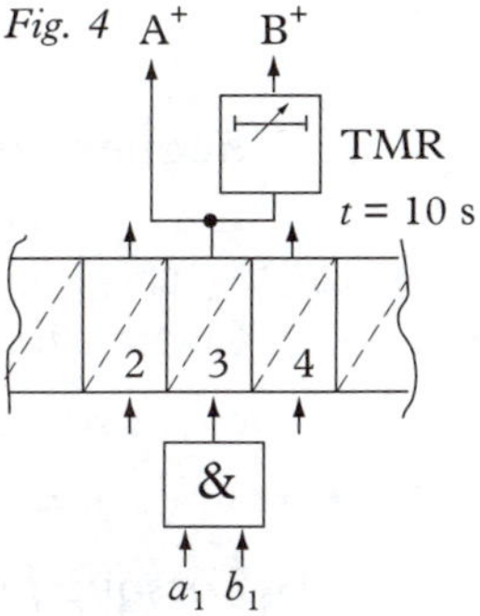

B se déclenchera 10 secondes après A

6 Autres cas (technologie Télémécanique)

Le principe reste identique pour les autres marques.

Séquences simultanées

Lorsque le module 1 est actif, la réceptivité a_1 délivre un signal dans la boucle A qui met en action les modules 10 et 11. Lorsque les modules 4 et 11 sont actifs et que les réceptivités f_0 et e_1 sont présentes, les deux boucles en A par l'intermédiaire d'une cellule ET, provoquent l'activation du module 5 (fig. 5).

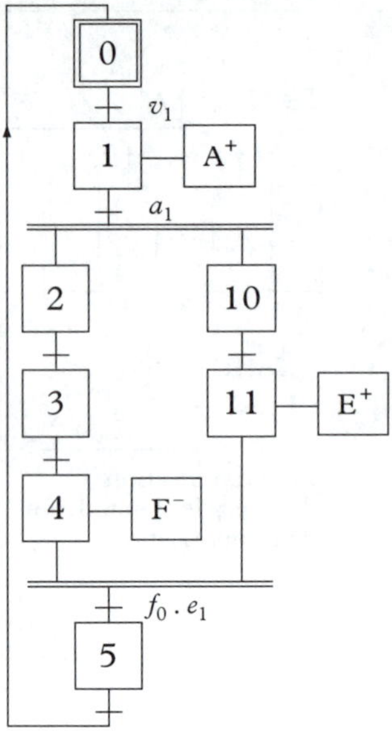

Fig. 5

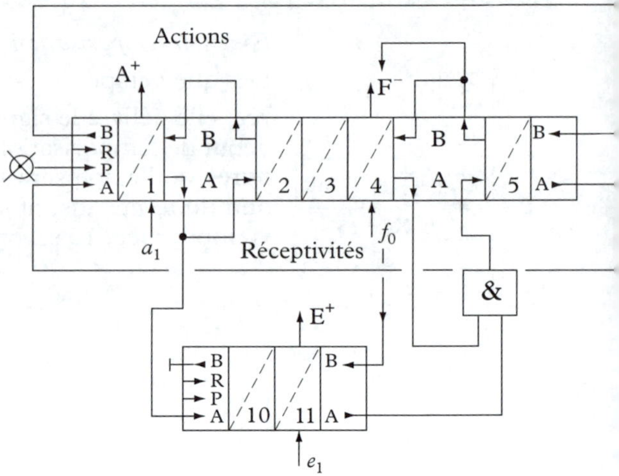

Séquences exclusives

Lorsque l'étape 1 est active, l'évolution du système dépend de l'état de la variable p.
La transition sera franchie si $a_1 = 1$

et si : $p = 1$ l'étape 2 sera activée ;

$p = 0$ l'étape 10 sera activée.

Lorsque l'une des étapes 5 ou 12 sera active et que sa réceptivité e_0 ou f_0 sera vraie, la transition sera franchie et l'étape 6 activée.
Dans le cas suivant, il faut prévoir :
- un 2e séquenceur :

les modules 2, 3, 4, 5 représentent les étapes 2 3 4 5 ;

les modules 10, 11, 12 représentent les étapes 10 11 12.
- 2 dérivations.

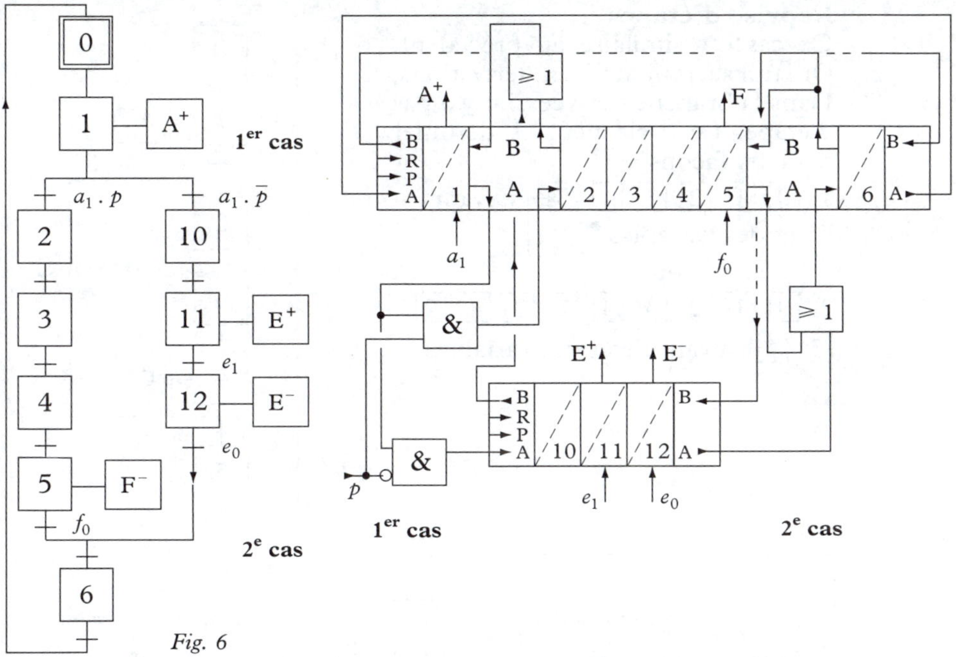

Fig. 6

Saut d'étapes

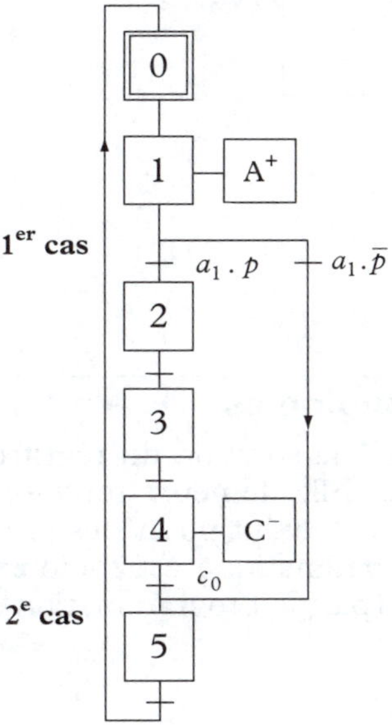

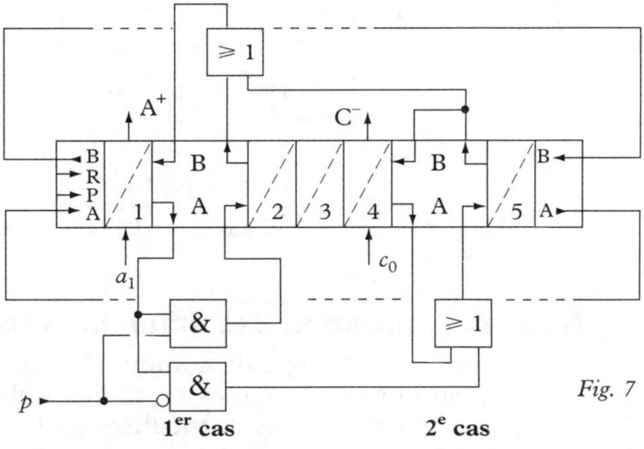

Fig. 7

Dans ce cas, le cycle peut se dérouler de deux manières, soit :

[0] [1] [2] [3] [4] [5] si $p = 1$ et $a_1 = 1$

[0] [1] [5] si $p = 0$ et $a_1 = 1$

Reprise d'étapes

Ce cas est similaire au précédent. On utilise toujours les dérivations. Dans la branche dérivée, il n'y a pas d'étape. Le cycle peut se dérouler de deux façons :

1. [0] [1] [2] [3] [4] [5] suivant l'état des variables

ou

2. [0] [1] [2] [3] [4] [2] [3] [4] [2] [3] [4] suivant l'état des variables.

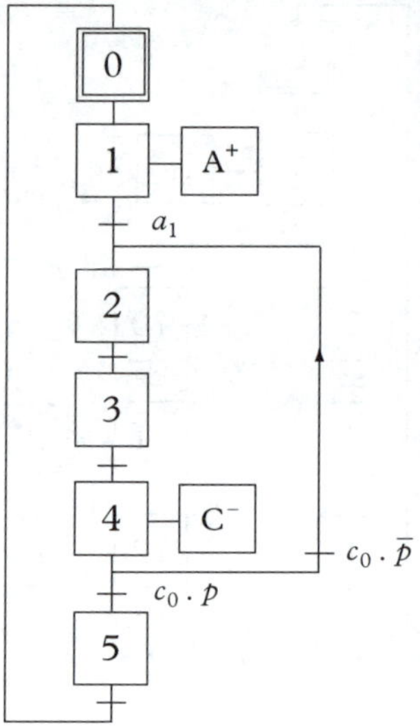

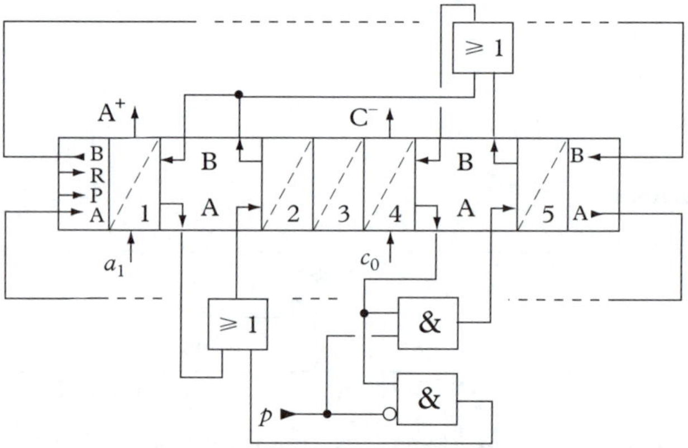

Fig. 8 **2e cas** **1er cas**

7 Mise en application des différentes technologies

Dans la technologie de commande des SAP, la solution du registre séquenceur est de moins en moins utilisée. Elle demeure toutefois présente dans les cas particuliers où l'automate peut poser des problèmes. Il faut noter que la commande pneumatique est toujours compétitive dans les automatismes simples (pas de programmation).

Principaux fabricants :
Télémécanique, Crouzet, Climax (Polylog).

Exemple : soit à réaliser un cycle dit en L (fig. 9)

Fig. 9

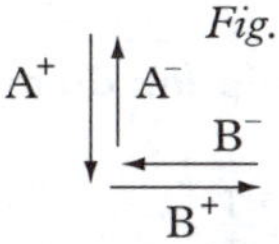

Les schémas ci-dessous représentent le câblage du registre séquenceur dans les trois principales marques, soit :
- Télémécanique ;
- Crouzet ;
- Climax.

Fig. 10

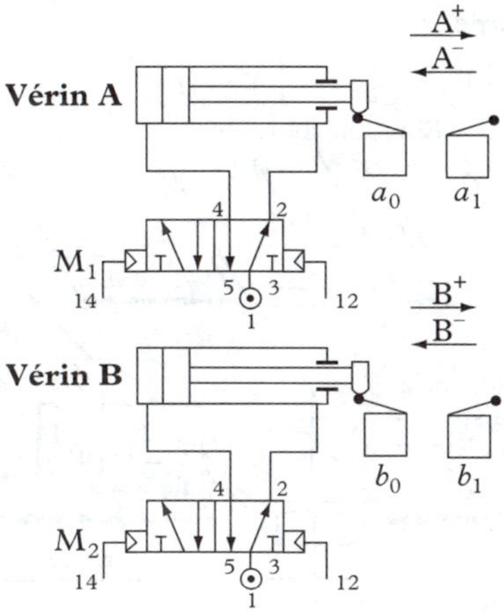

GRAFCET PC

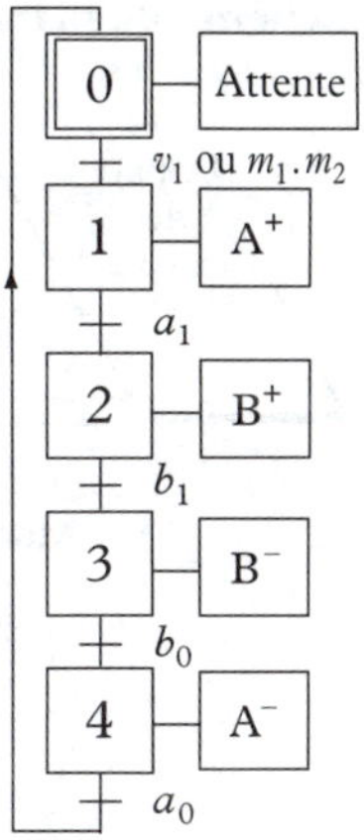

Technologie Télémécanique

Fig. 11

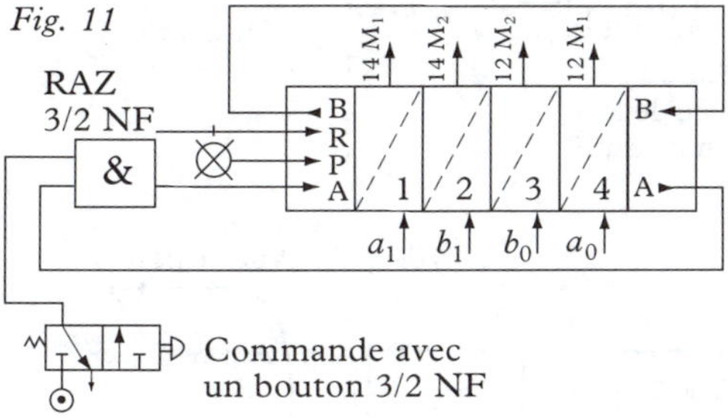

Technologie Crouzet

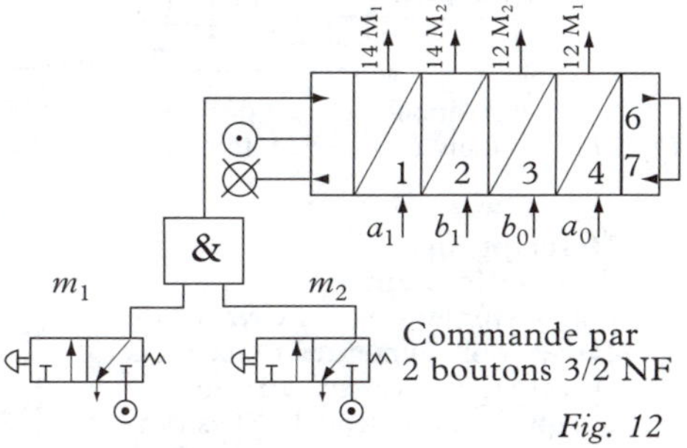

Fig. 12

Technologie Climax

Polylog : à cellules intégrées dans le séquenceur ; avec cellules extérieures.

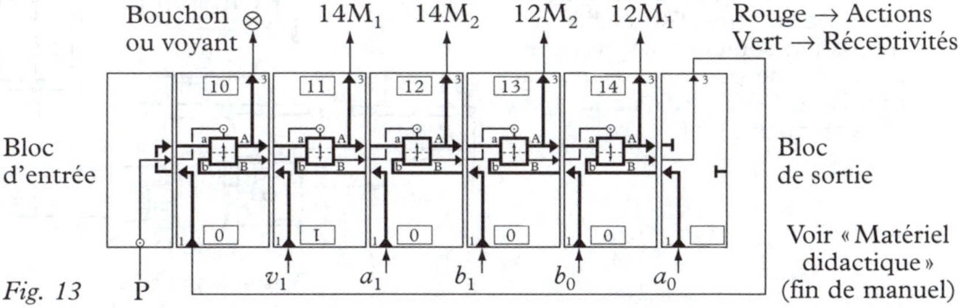

Fig. 13

Voir « Matériel didactique » (fin de manuel)

Application

Système de convoyage et de tri de caisses

Schéma de principe (fig. 14)

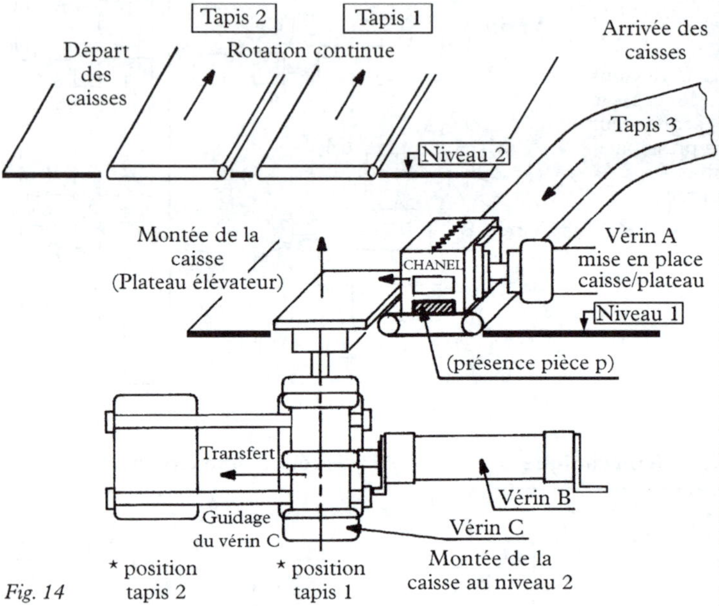

Fig. 14

Description du cycle (fig. 15)

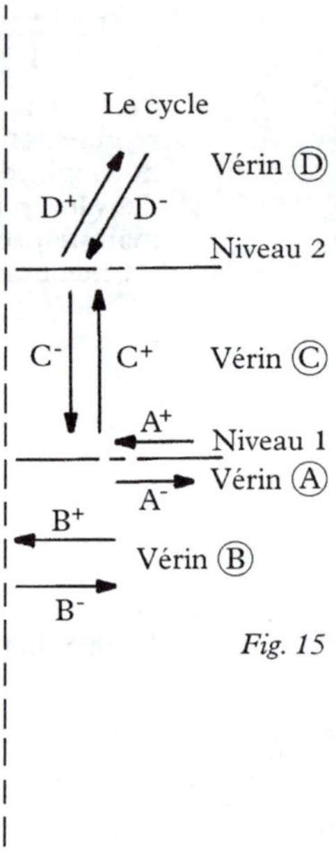

Fig. 15

Description du fonctionnement

Un système de convoyage de caisses doit alimenter deux tapis ① et ②. Les caisses arrivent sur le tapis ③ au niveau 1. Elles doivent être montées au niveau 2 et alimenter alternativement le tapis ① et ②. Les caisses sont ensuite évacuées vers le lieu de stockage.
Le vérin D suit l'ensemble de translation composé des vérins B et C, afin de pouvoir exécuter la translation de la caisse sur le tapis correspondant.

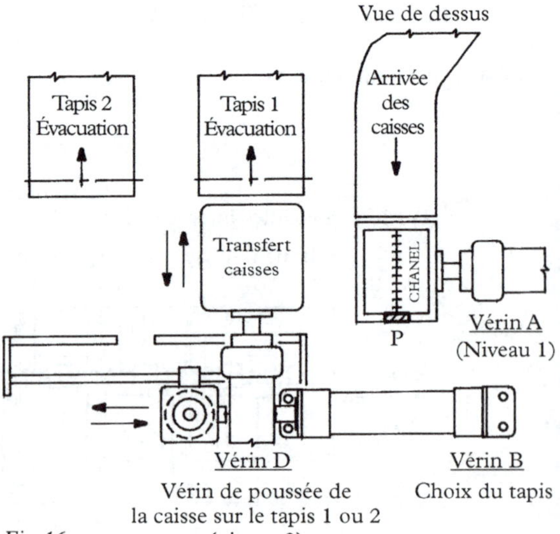

Fig. 16

Nomenclature du matériel : (PO et commande : PN)
Vérin A (VDE) : mise en place de la caisse sur le plateau.
Vérin B (VDE) : choix du tapis (1 ou 2), translation.
Vérin C (VDE) : montée de la caisse au niveau 2.
Vérin D (VDE) : poussée de caisse sur tapis 1 ou 2.

- Préactionneurs : quatre distributeurs 5/2 bi-stable - commande PN.

- Détection : capteurs à galet ou à chute de pression (3/2 NF).

- Commande.
- Registre séquenceur PN.

Cycle à obtenir. Il faut :
1. Pousser la caisse (niveau 1) sur le plateau élévateur.
2. Monter la caisse (niveau 2) devant le tapis 1.
3. Pousser la caisse sur le tapis 1.
4. Pousser la caisse (niveau 1) sur le plateau élévateur.
5. Pousser le plateau élévateur devant le tapis 2.
6. Monter la caisse au niveau 2 devant le tapis 2.
7. Pousser la caisse sur le tapis 2.

Cette énumération d'actions ne constitue *qu'un cycle de fonctionnement.* Dans les GRAFCET, il faut penser au retour en position initiale des vérins.

Fonctions à assurer	Actionneurs	Préactionneurs	Détection	Accessoires de ligne
Mise en place de la caisse sur le plateau ◄──► Ⓐ	Vérin VDE. PN 2 tiges	Distributeur 5/2 Bistable Commande PN	2 capteurs IP 3/2 NF	RDU sur A^+ Amorti sur A^-
Choix du tapis ◄──► Ⓑ	Vérin VDE. PN	Distributeur 5/2 Bistable Commande PN	2 capteurs IP 3/2 NF	RDU sur B^+ RDU sur B^-
▲▼ Montée de la caisse - niveau 2 Ⓒ	Vérin VDE. PN 2 tiges	Distributeur 5/2 Bistable Commande PN	2 capteurs chute de pression	RDU sur C^+ Amorti sur C^-
Poussée de la caisse sur tapis ① ou ② ◄──► Ⓓ	Vérin VDE. PN	Distributeur 5/2 Bistable	2 capteurs chute de pression	RDU sur D^+ Amorti sur D^-

Proposition de travail

1. Établir les GRAFCET point de vue PO et PC (sélection de séquences).
2. Établir le schéma de la partie opérative et du registre séquenceur.
3. Effectuer le montage sur un simulateur.
4. Procéder aux essais.

LA STRUCTURE

1 Objectifs

Ce chapitre permet d'expliquer :
- le rôle d'un API ;
- sa conception et sa structure interne ;
- son environnement et sa position dans un SAP.

2 Abréviations courantes utilisées

SAP : Système Automatisé de Production
API : Automate Programmable Industriel
PO : Partie Opérative
PC : Partie Commande
PR : Partie Relation

3 Situation de l'automate dans un SAP

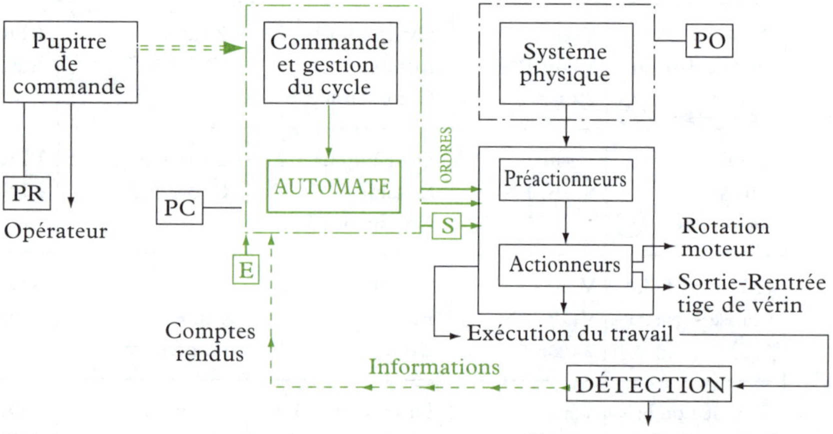

Fig. 1

4 Rôle d'un automate dans un SAP

Cet ensemble électronique gère et assure la commande d'un système automatisé. Il se compose de plusieurs parties et notamment d'une mémoire programmable dans laquelle l'opérateur écrit, dans un langage d'application propre à l'automate, des directives concernant le déroulement du processus à automatiser.

Son rôle consiste donc à fournir des ordres à la partie opérative en vue d'exécuter un travail précis comme par exemple la sortie ou la rentrée d'une tige de vérin. Celle-ci, en retour, lui donnera des informations relatives à l'exécution dudit travail.

5 Structure externe d'un API

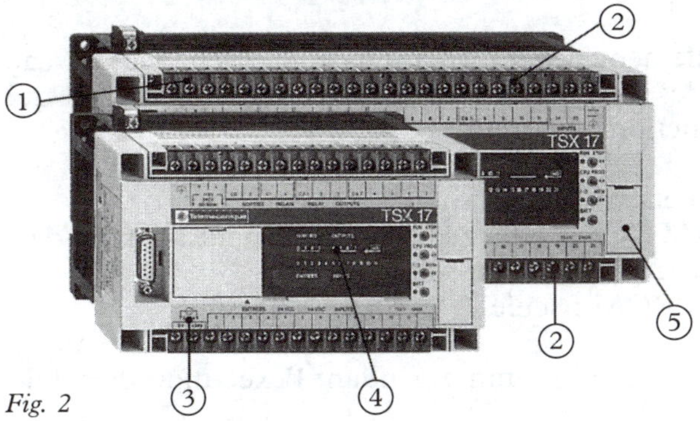

Automate programmable TSX 17/20 *(Télémécanique)*
1. Alimentation 220 V.
2. Entrées-sorties (E/S) 34 ou 40.
3. Alimentation capteurs 24 V.
4. Visualisation des E/S.
5. Extension du bus E/S par câble de drainage.

Fig. 2

6 Structure interne d'un API

Les automates programmables comportent quatre parties principales :
- une mémoire ;
- un processeur + des cartes d'E/S ;
- des interfaces (E/S) ;
- une alimentation (220 V → 24 V).

Ces quatre parties sont reliées entre elles par des « bus » (ensemble de fils autorisant le passage des informations entre ces quatre secteurs de l'automate). Ces quatre parties réunies forment un ensemble compact appelé « automate ».

Schéma d'une structure

Un API peut se structurer de la manière suivante.

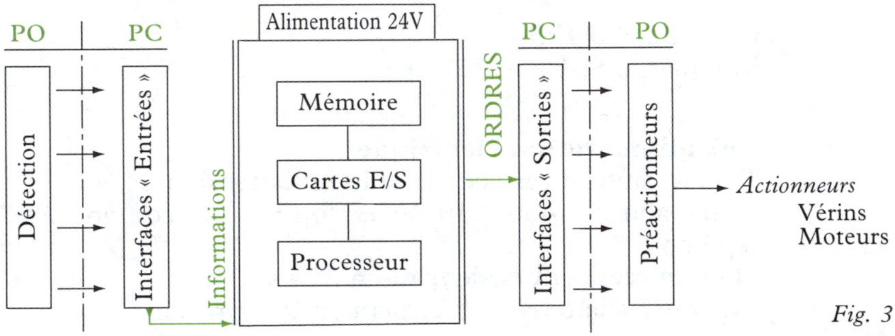

Fig. 3

7 Description des éléments d'un API

La mémoire
Elle est conçue pour recevoir, gérer, stocker des informations issues des différents secteurs du système qui sont :
- le terminal de programmation : introduction du programme ;
- le processeur qui gère et exécute le programme.

Elle reçoit également des informations en provenance des capteurs. Il existe dans les automates plusieurs types de mémoires qui remplissent des fonctions différentes.

1. Conception et élaboration du programme.
- Mémoire RAM : elle s'efface automatiquement à l'arrêt de l'automate (nécessite une batterie de sauvegarde).
- Mémoire EEPROM : seule la lecture est possible.

2. Conservation du programme pendant l'exécution de celui-ci. Mémoire EPROM.

Le processeur
Son rôle consiste d'une part à organiser les différentes relations, entre la zone mémoire et les interfaces d'entrée et de sortie et d'autre part à gérer les instructions du programme.

Les interfaces
L'interface d'entrée comporte des adresses d'entrée. Chaque capteur est relié à une de ces adresses. L'interface de sortie comporte de la même façon des adresses de sortie. Chaque préactionneur est relié à une de ces adresses.
Le nombre de ces entrées et sorties varie suivant le type d'automate.

Les cartes d'E/S
Modularité 8, 16 ou 32 voies.

Une alimentation électrique
Tous les automates actuels utilisent la tension 24 V.
- Une alimentation 240 VCA fournit un courant 24 VCC aux capteurs.
- Les entrées sont également en 24 VCC.
Une mise à la terre doit également être prévue.

8 L'automate et ses périphériques

Dans un SAP géré par une logique programmée, l'automate a besoin, pour remplir sa tâche, d'être relié à différents périphériques.

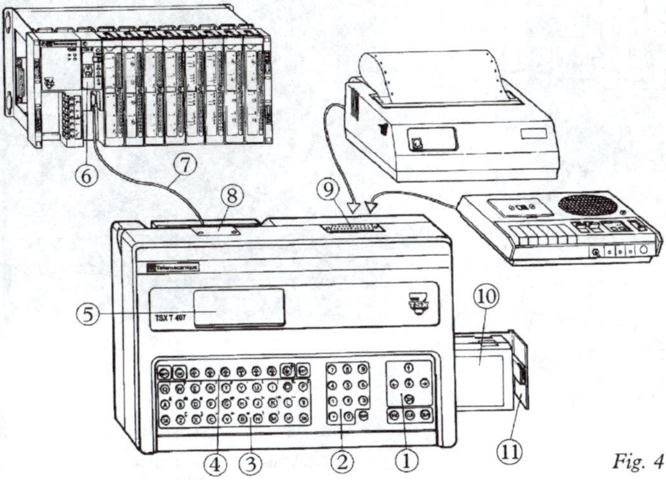

① ② ③ ④ Touches fonctions de la console de programmation.
⑤ Écran de visualisation.
⑥ Cartouche utilisateur (programme application).
⑦ Câble de connexion.
⑧ Connecteur automate.
⑨ Connecteur périphérique : imprimante, magnétophone.
⑩ Cartouche langage.
⑪ Emplacement de la cartouche.

Fig. 4 Document Télémécanique

La console de programmation

Chaque automate possède son propre langage. Chaque programme décrivant le cycle à exécuter est écrit sous la forme d'instructions codées que l'on frappe sur la console de programmation ①②③④. Celle-ci est reliée à l'automate par un câble de connexion ⑦. Ce programme est stocké dans la mémoire de l'automate et géré par le processeur. La console possède une cartouche ⑩ appelée « cartouche langage ». Sur le connecteur périphérique, il est possible d'associer à cet ensemble un magnétophone (K7) ou une imprimante.

Autre moyen de programmation

Le *micro-ordinateur de bureau* ou le « portable » : ce moyen de programmation est identique à celui de la console. Le logiciel utilisé, par marque, est le même dans les 2 cas :

- cartouche langage pour la console,
- disquettes à installer sur le disque dur pour le micro-ordinateur.

La programmation sur le micro-ordinateur est plus conviviale. Elle permet de travailler sur un écran couleur et de noter des commentaires sur le déroulement du programme.
Toutefois, l'ordinateur est plus difficile à déplacer en atelier que la console.

9 Utilisation industrielle d'une logique programmée

Fig. 5

Documents Télémécanique

Fig. 6

① Console.
② Automate.
③ Connexion console/automate.
④ Alimentation électrique.

Dans les exemples ci-dessus, l'opérateur à l'aide d'une console de programmation, entre dans l'automate les intructions nécessaires à l'élaboration et à la gestion du cycle du système automatisé.
Des connaissances informatiques ne sont pas nécessairement obligatoires. Les consoles de programmation ou les logiciels de programmation sont conversationnels et ne demandent souvent que la maîtrise des outils graphiques de gestion des automatismes.

10 Principaux automates industriels par marque

La programmation de ces automates se fait :
- soit à partir de leur propre console ;
- soit à partir du logiciel de programmation propre à la marque installé sur un micro-ordinateur.

Pour un travail de programmation identique, la console est beaucoup plus souple et souvent plus utilisée que le micro-ordinateur. De plus, elle permet d'intervenir directement sur le lieu de travail par simple raccordement avec l'automate, en vue de modifier ou de corriger un programme.

Telemecanique

TSX 17/20
Nombre d'entrées et de sorties variables (de 20 à 160 E/S).

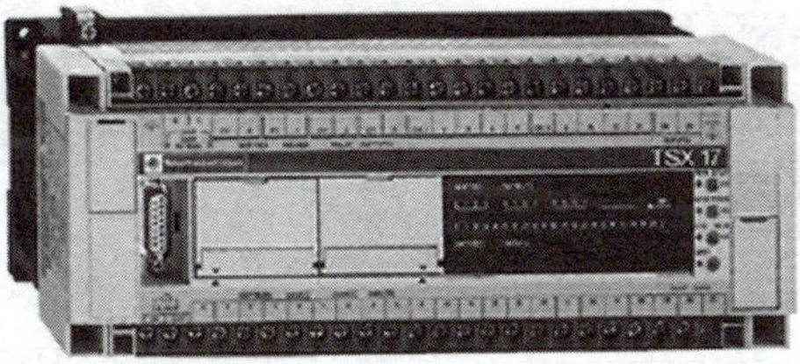

Langage PL7.2 *Fig. 7*

CEGELEC

C50 ou C100
Nombre d'entrées/sorties variables.

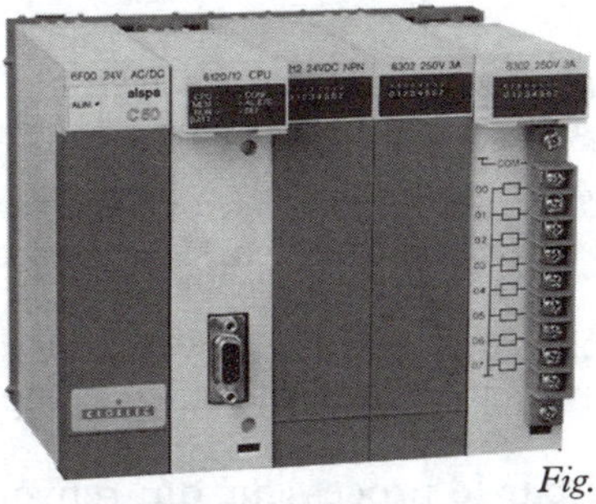

Fig. 8

Programmation sur PC ou sur console.

Festo FPC 405

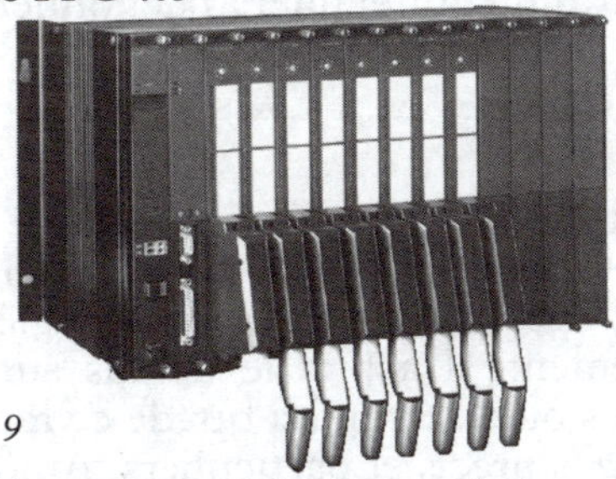

Fig. 9

Architecture modulaire : cartes de base ; carte processeur ; carte de motorisation ; cartes E/S.
Programmation sur PC

TSX 47
Nombre d'entrées et de sorties : 256.

Fig. 10

TSX 47.30
Le produit de milieu de gamme à très haute performance et très compact.
- 512 E/S en deux bacs de 8 modules.
- Cinq coupleurs intelligents.
- 24 K RAM data on Board.
- 32 K RAM/EPROM cartouche utilisateur.
- Structure multifonction.
- Structuration multitâche.
- Langage PL7.3 (GRAFCET, Litteral, Ladder).
- Programmation sur IBM PC/PS.

Fig. 11

TSX 67.20
La compacité d'un automate haut de gamme, à E/S déportables par fibre optique.
- 1024 E/S en six bacs de huit modules.
- Extension de bacs à distance par fibre optique à 2 km.
- Seize coupleurs intelligents.
- 24 K RAM data on Board.
- 32 K RAM/EPROM cartouche utilisateur.
- Structure multifonction.
- Structuration multitâche.
- Langage PL7.3 (GRAFCET, Litteral, Ladder).
- Programmation sur IBM PC/PS.

11 Notions d'architecture

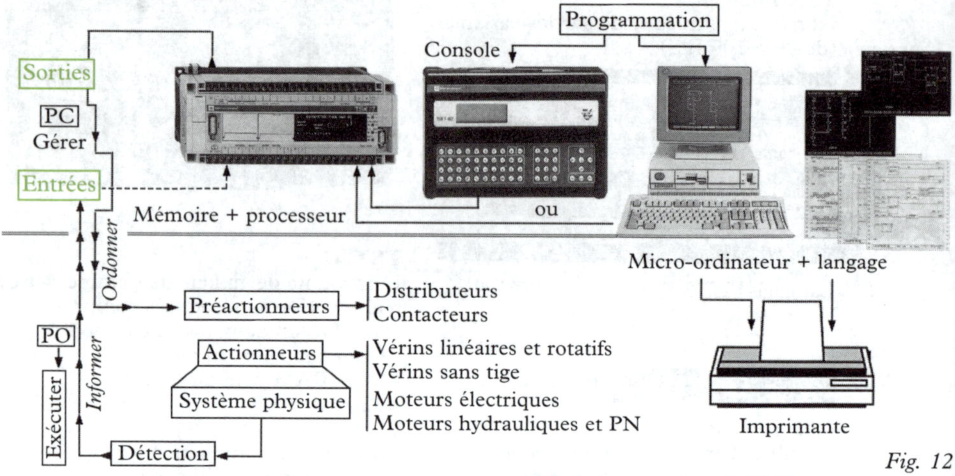

Fig. 12

Le schéma ci-dessus illustre une structure de système automatisé avec PC et PO. La PC est gérée par un automate programmable.

Comment s'effectue le transfert d'informations dans l'automate ?
L'automate possède en sa structure des « interfaces » de sortie et d'entrée.

1. La détection : les signaux électriques en provenance des capteurs arrivent sur les modules d'entrée. Chaque module est repéré par une adresse d'entrée.
2. L'information est traitée par le processeur qui renvoie un signal sur l'interface de sortie.
3. L'interface possède des adresses de sortie, le signal est donc renvoyé vers le préactionneur qui commandera l'actionneur.

12 Applications industrielles

De par sa souplesse d'utilisation, son encombrement réduit et ses possibilités d'adaptation à tous les milieux industriels, l'automate programmable industriel est devenu l'outil privilégié de la commande des SAP. Rapidement, il a pris le dessus sur les registres séquenceurs pneumatiques ou électriques, qui de ce fait ne sont plus utilisés que dans des cas très précis et particuliers. Aujourd'hui, tous les secteurs industriels utilisent des automates. Citons :
- l'industrie pharmaceutique et alimentaire ;
- l'industrie automobile ;

- le secteur de la transformation des matières plastiques ;
- les systèmes de conditionnement de produits divers.

Ce système de commande électronique permet le travail en ambiances sévères. Il offre également la possibilité de faire évoluer le processus si le système automatisé l'impose.

Exemple (fig. 13)

Le secteur de la construction mécanique est aujourd'hui confronté aux exigences nouvelles que sont la production par petits lots et la diversification des produits. Pour assurer la rentabilité, il existe deux parades : accroissement de la flexibilité et diminution des temps de cycle.

De nombreux constructeurs d'entraînements pneumatiques et de systèmes de commande (Festo, ...) se sont intéressés à cette nouvelle demande.

Un grand nombre d'entre eux propose aux utilisateurs des composants et des systèmes d'automatisation adaptés dans les principaux domaines :
- actionneurs ;
- capteurs ;
- commandes.

On peut ainsi envisager des réalisations loin dans le futur. Les automates programmables devant assumer de plus en plus de tâches, il est important de mettre l'accent sur la flexibilité. Pour cela, il est indispensable de pouvoir compter sur un guidage opérateur performant qui permettra entre autres de réduire au maximum les temps d'immobilisation et de disposer d'un bon système de diagnostic machine. Les positionnements par moteurs électriques, la communication entre les automates et les liaisons par câbles deux fils font en outre partie intégrante du concept de commande du futur.

Fig. 13 Document Festo

12 LA PROGRAMMATION

1 Objectifs

Ce chapitre permet d'effectuer une approche des systèmes de programmation des API, de décrire le matériel de programmation et les différents langages.

2 Généralités

La programmation des automates industriels n'est pas, à ce jour, très évidente du fait de divers critères, intervenant au niveau du matériel et du langage de programmation.
En effet, si les API des grands constructeurs utilisent les mêmes langages, les façons de faire sont différentes.
Les langages les plus courants sont :
- le langage GRAFCET ;
- le langage Booléen ;
- le langage à contact ;
- le langage littéral.

3 Les périphériques de programmation (rappel)

Les automates programmables actuels peuvent se programmer en règle générale de deux façons.

1. Avec une console correspondant à l'automate utilisé.

Exemple : Télémécanique → automate TSX 17 → console T407
Cégélec → automate C100 → console P1.

2. Avec un micro-ordinateur + logiciel de programmation.

En règle générale, et pour toutes les marques, il faut prévoir pour la programmation de systèmes automatisés :

- *Un automate* qui comprend :
un module d'alimentation ;
un module unité de traitement (processeur) ;
des modules d'entrées } en fonction du nombre d'E/S demandés ;
des modules de sorties }
une cartouche langage ;
un rack de montage et de liaison.
(Suivant les marques ou les types d'automates, ces éléments composant l'API peuvent être compacts, ou en modules séparés.)

- *Un système de programmation* avec :
une console comportant le langage de programmation ;
ou un logiciel de programmation installé sur micro-ordinateur.

Console et PC utilisent le même langage.

4 Les consoles de programmation

Chaque marque d'automate programmable possède ses propres consoles dites « de programmation ».

Télémécanique
Terminal TSX T407 pour automate TSX17.

Fig. 1

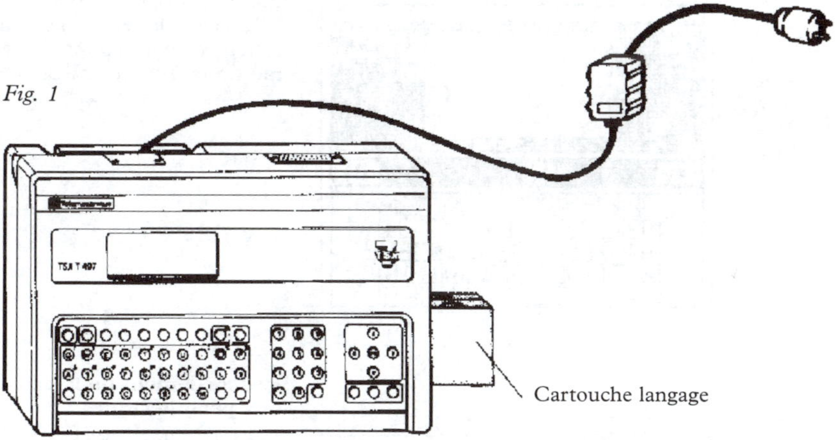

Utilisation en mode connecté

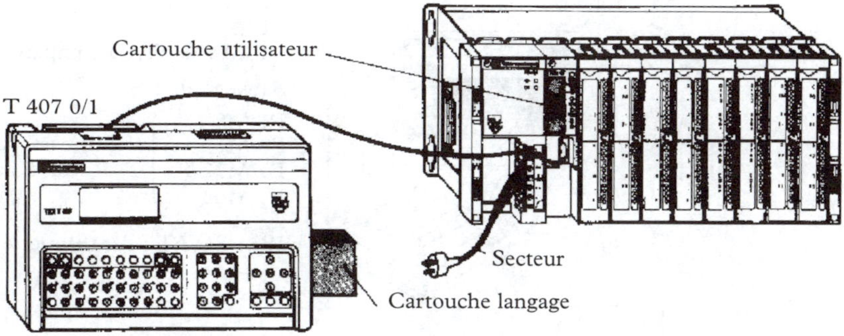

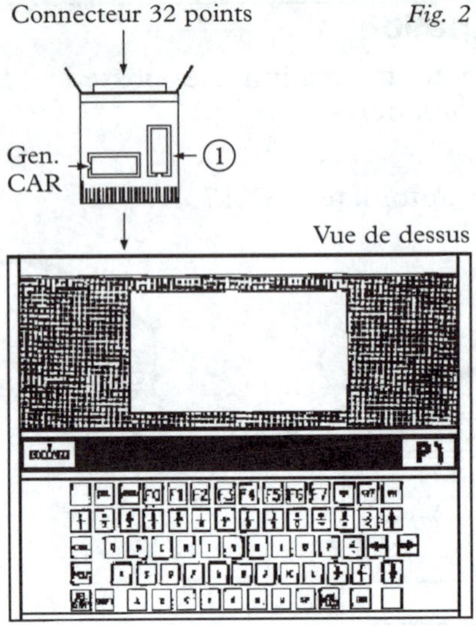

Fig. 2

Cégélec

Console P1 avec sa cartouche langage
Mise en place de la cartouche logiciels à l'arrière de la console.

① Cartouche langage

La console de programmation possède une alimentation 220 V → 24 V.
Elle possède également une batterie (intégrée) permettant de travailler sans raccordement au secteur.

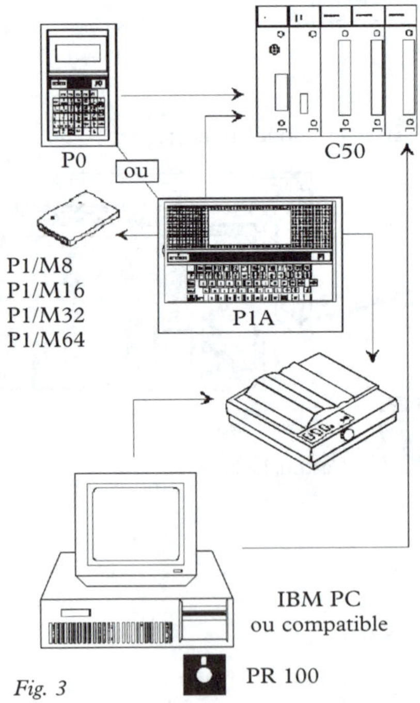

Fig. 3

Raccordement de la console aux périphériques

Langages disponibles :
- schéma à contacts ;
- GRAFCET ;
- Logique sur bits et mots.

Types de consoles :
- PO ;
- PIA ;
- IBM PC/AT ou compatible.

Sauvegarde :

P1/M8 P1/M16 P1/M32 P1/M64	Sur cartouche de sauvegarde

IBM PC/AT : sur disquette $5^{P}1/4$.

Télémécanique

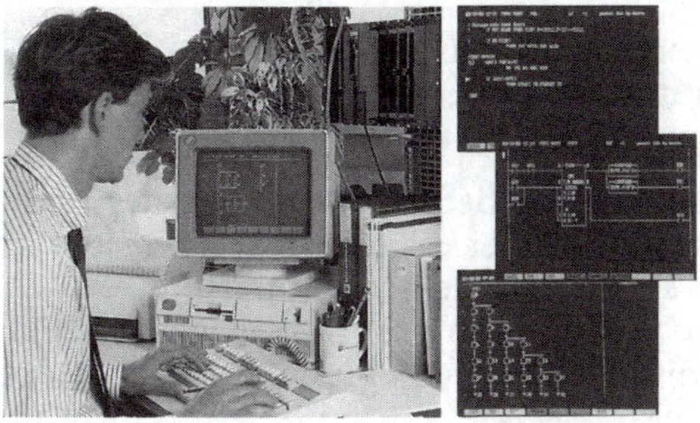

Fig. 4

La programmation graphique, structurée, documentée.
Cet exemple visualise la structure d'un poste de programmation à partir d'un PC. Le même travail peut se faire également à partir d'une console (TSX T407 ou TSX T607).

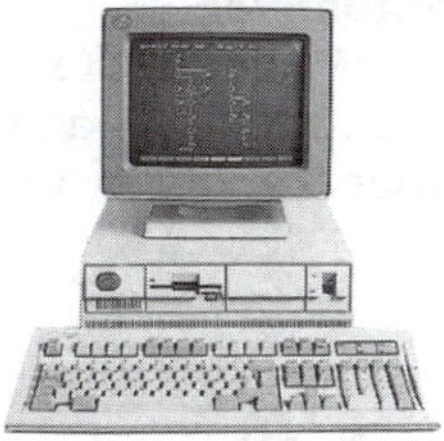

Fig. 5

IBM PC/PS
L'ensemble des langages PL7.2, PL7.3* est disponible sur IBM PC/PS autorisant la programmation de l'ensemble de la gamme TSX 7, les fonctions d'archivage programme et d'édition automatique de dossiers comportant mnémoniques et références croisées.
Micro-ordinateur PC

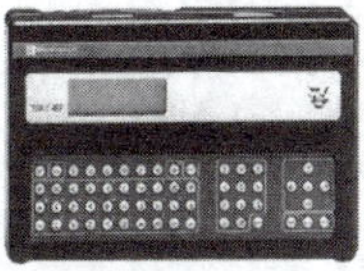

Fig. 6

Console de programmation TSX T407
Terminal graphique portable pour la programmation des langages PL7.2. Il permet également l'impression graphique et l'enregistrement des programmes sur cassette.

Fig. 7

TSX T607
Terminal industriel par excellence, le TSX T607 est également l'outil de programmation des langages PL7.2 et PL7.3. Il permet les fonctions d'archivage des programmes sur disquettes ou sur mémoire EPROM, l'édition automatique de dossiers complets comportant mnémoniques et références croisées.

LES CONSTRUCTEURS

1 Objectifs

Ce chapitre permet :
- la mise en œuvre de la partie commande d'un SAP ;
- la mise en œuvre d'un automate et de son environnement ;
- une initiation à la programmation.

Le but de ce chapitre n'est pas de décrire ou d'effectuer une programmation sur un automate, le sujet étant trop vaste et le nombre d'automates actuellement sur le marché, trop important.
De plus, chaque automate possède son propre langage de programmation. Il est donc très difficile d'effectuer une étude approfondie sur chaque type de matériel.
Le fabricant édite avec chaque automate deux manuels décrivant :
1. la mise en œuvre de l'automate ;
2. la programmation propre à l'automate.

Cette étude claire et logique est établie dans une progression parfaitement structurée qui permet d'acquérir une autonomie rapide dans l'utilisation du matériel.

2 Exemple de matériels industriels

Dans ce chapitre, l'étude portera sur la mise en œuvre et les notions de programmation d'automates courants comme :
- le Cégélec « Alspa » C50 ou C100 ;
- le Télémécanique TSX 17/20 ;
- la programmation avec AUTOMGEN V5.1 sera abordée chapitre 16.

Fig. 1 **Exemple du site industriel**

3 L'automate C50-C100 Alspa Cégélec

Domaine d'utilisation

Cet automate programmable s'adresse aux automatismes de moyennes et petites complexités. Le nombre d'entrées et de sorties peut se situer dans une plage variant de 8 E/S à 256 E/S.

Description de l'automate C50

La configuration de l'automate C50 est constituée d'un châssis comportant :

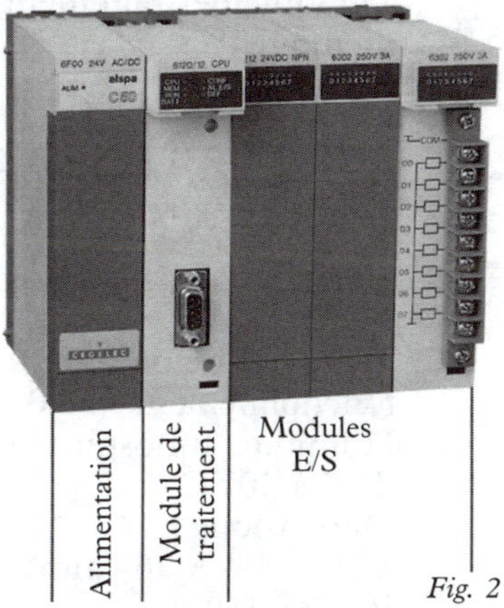

Fig. 2

- une alimentation : 1 emplacement
- un module de traitement : 1 emplacement
- des modules E/S au nombre de 3, 6 ou 10 (fig. 2) :

2.1 en bloc de 24 E/S : 3 cartes de 8 E/S
2.2 en bloc de 48 E/S : 6 cartes de 8 E/S
2.3 en bloc de 80 E/S : 10 cartes de 8 E/S.

Configuration de base

Elle permet de situer l'emplacement des différents modules.

2.1 Configuration 3 modules E/S

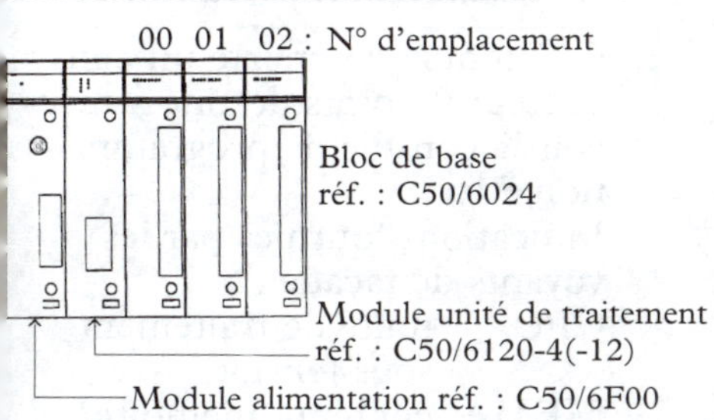

2.2 Configuration 6 modules E/S

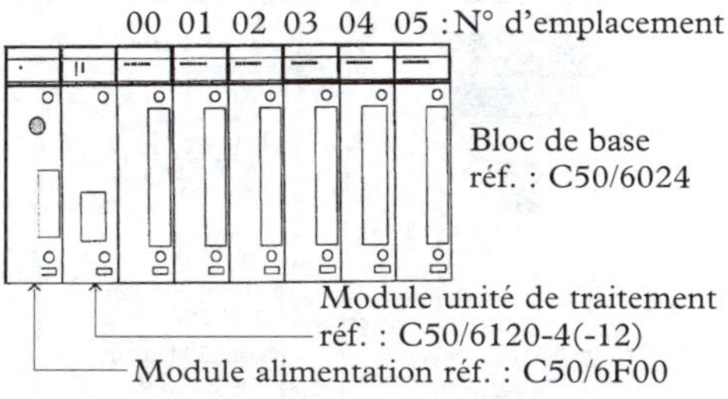

2.3 Configuration 10 modules E/S

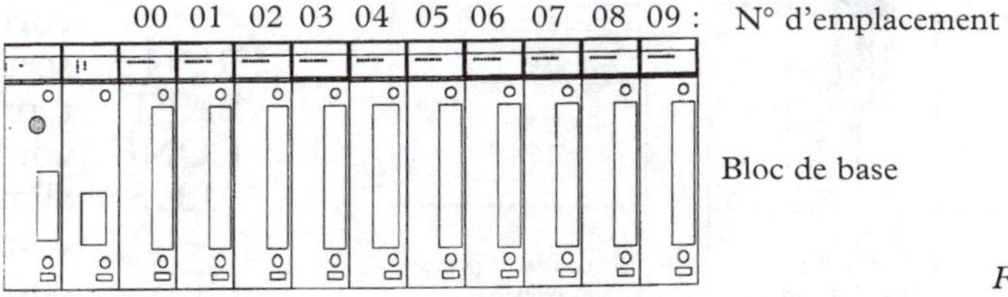

Fig. 3

Description des éléments

Mise en place d'un module

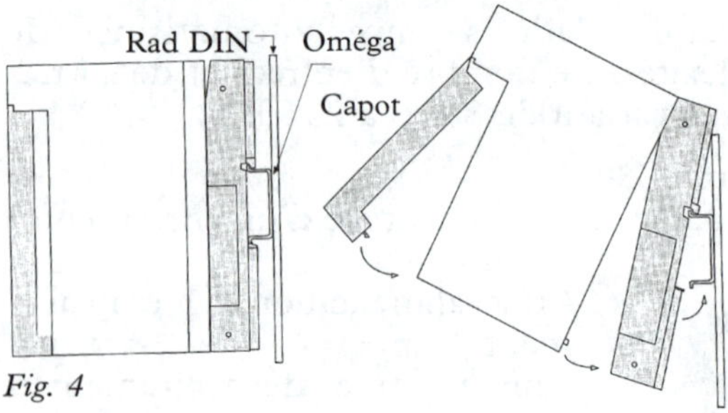

Fig. 4

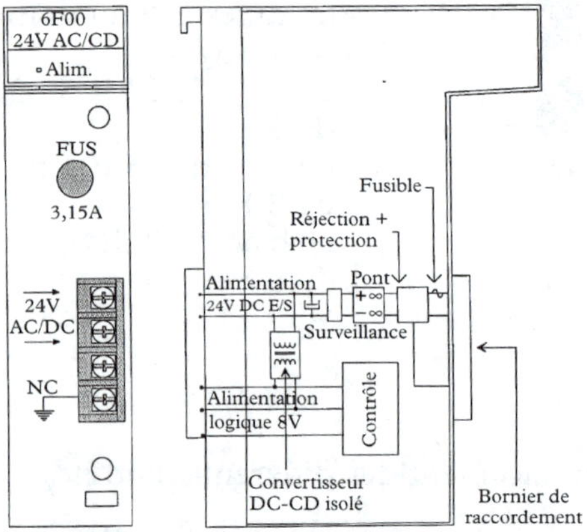

Fig. 5

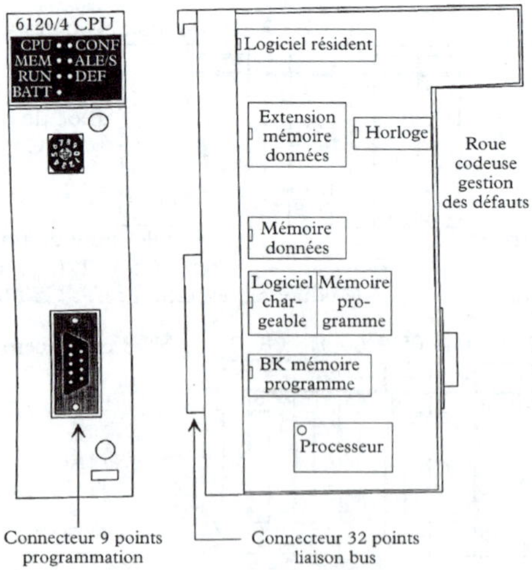

Fig. 6

1. Bloc de base

Ce 1er élément constitue la base de constitution de l'automate. Il se place sur un rail DIN et vient recevoir par encliquetage les différents éléments :
- module d'alimentation ;
- module de traitement avec mémoire ;
- blocs E/S.

2. Module d'alimentation

Tension : 24 V.
Température de stockage de – 20 ° à + 60 °C.
Température de fonctionnement : de 0 à + 55 °C
Humidité atmosphérique : 95% de 5 à 40 °C.
Dimensions :
145 × 104 × 36 (mm).
Poids : 310 g.
Sauvegarde des données par pile

3. Module unité de traitement

Ce module comporte un connecteur 9 points destiné à recevoir la console de programmation P1.
Indications fournies par les voyants de façade :

CPU :	unité de traitement sous tension
MEM :	contenu, mémoire correcte
RUN :	scrutation validée
BATT :	tension pile correcte
CONF :	configuration correcte
ALE/S :	alimentation E/S correctes
DEF :	codage des défauts

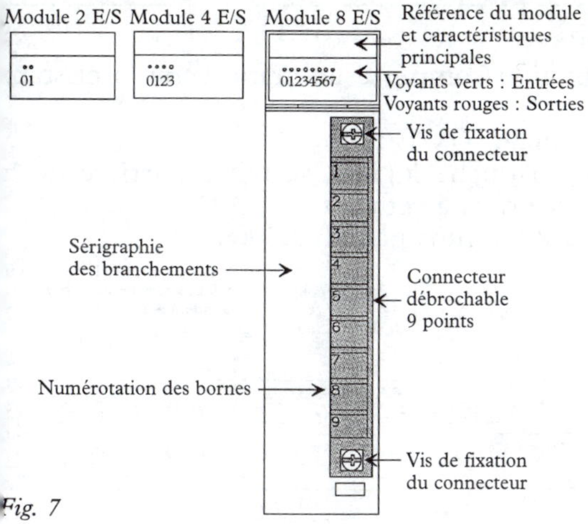

Fig. 7

4. Modules entrées/sorties (E/S)

Tension : 24 V AC - 24 V DC.
Température de stockage : – 20 ° à + 60 °C.
Température d'utilisation : 0 à + 55 °C.
Dimensions :
145 × 104 × 36 (mm).

4 La programmation

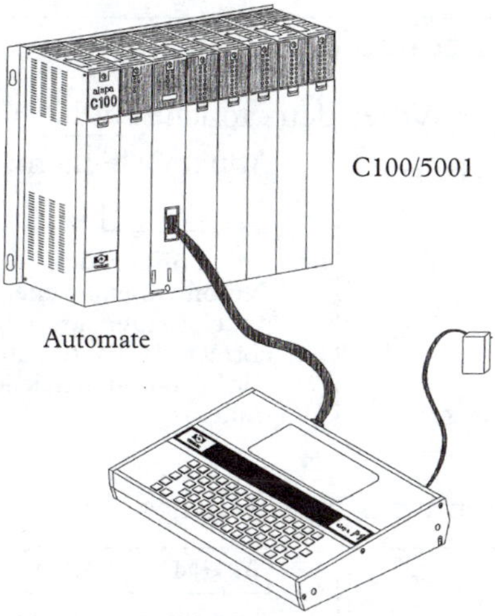

Fig. 8

La programmation des automates C50 ou C100 peut s'effectuer de trois façons :
- à l'aide de la console de programmation P1 ;
- à partir du logiciel PR100 installé sur PC ;
- à partir d'AUTOMGEN.

Remarque
La console P1 peut se connecter sur un automate de la gamme C100, C50 (modules UT, coprocesseurs) ou bien sur un terminal RS 232C (la console se comporte comme un « écran-clavier »). Exemple avec un module UT 5120.

5 Méthodes de programmation

Cet automate permet d'utiliser deux méthodes de programmation :
- la programmation par schéma à contacts ;
- la programmation en langage GRAFCET.

6 Description de la console

La console de programmation comporte un grand écran à cristaux liquides de douze lignes.
Le clavier comporte 68 touches QWERTY.
La mise en place de la cartouche logiciel se fait à l'arrière de la console dans le connecteur prévu à cet effet.
- Dimensions : 294 × 210 × 55 mm ; poids : 2,5 kg.

Fig. 9

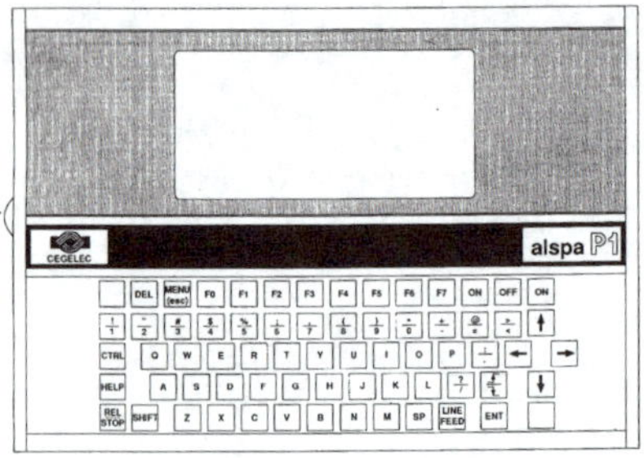

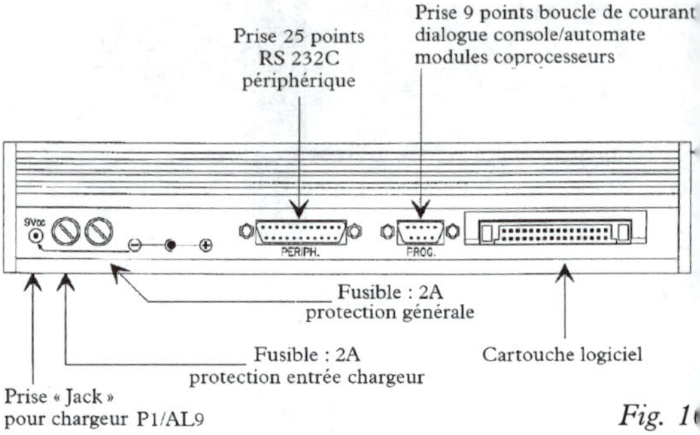

Fig. 10

7 Principes d'utilisation de la console

① → *Mise sous tension :* appuyer sur les deux touches [ON] [ ] [ON]

```
CONSOLE de PROGRAMMATION P1
CONFIGURATIONS                  : F0
TRANSFERTS de PROGRAMMES        : F1
STOCKAGES de PROGRAMMES         : F2
PROGRAMMATION                   : F3
RECHERCHE / SUBSTITUTION        : F4
MISE AU POINT                   : F5
LISTINGS                        : F6
PARAMÉTRAGES                    : F7
P1 : V6 . 0 / 0 – MC100 : 11 – MC50 : 05
```

Fig. 11

Apparaît le menu ci-contre

La configuration matérielle de l'automate étant effectuée, il faut pour assurer le fonctionnement correct de l'automate, fournir la configuration logicielle à l'unité de traitement.

② → *Mode de configuration :* appuyer sur les touches [MENU (ESC)] → [F0]

```
CONFIGURATION AUTOMATE          : F0
CONFIGURATION HORLOGE           : F1
CONFIGURATION CONSOLE           : F2
MODE TERMINAL                   : F3

AUTOMATE :
HALTE  SANS  RAZ des SORTIES
CHANGER                         : F4
RELANCE                         : F5
RELANCE AVEC INITIALISATION     : F6
```

Fig. 12

Apparaît le menu ci-contre

La configuration s'effectue avec les touches ←↑→ en suivant les indications à l'écran.
L'opération de configuration se termine par la mise en mémoire.

③→ *Choix de la configuration automate :*

BASES DE TEMPS

00-31	: 0.1 s	DÉPLACER	: ←↑→↓
32-63	: 10 s	CHANGER	: Shift ↑↓
64-95	: 1 s	VALIDER	: ENT
		VERSION UT	: F0
	C100	MENU PRÉCÉDENT	: F7

BASE 5001

		00	01	02	03	04
A	5	5				
L	1	2				
I	2	1				
M	0	7				

EXT. XXXX

Fig. 13

F0 → Apparaît le menu ci-contre.

Après configuration :

Appuyer ENT puis

relance F5 ou F6

④→ *Transfert de programme*

TRANSF. PARTIEL CONSOLE → AUTOMATE	: F0
TRANSF. PARTIEL AUTOMATE → CONSOLE	: F1
TRANSF. TOTAL CONSOLE → AUTOMATE	: F2
TRANSF. TOTAL AUTOMATE → CONSOLE	: F3
TRANSF. LOGICIEL VERS UT	: F7
AUTOMATE :	
HALTE SANS RAZ des SORTIES	
CHANGER	: F4
RELANCE	: F5
RELANCE AVEC INITIALISATION	: F6

Fig. 14

Appuyer

MENU (ESC) → F1 → Apparaît le menu ci-contre.

L'écriture du programme s'effectue dans la mémoire RAM de la console. Le chargement du programme s'opère dans la mémoire EPROM de l'automate à l'aide du mode : « TRANSFERT PROGRAMME ».

⑤→ *Choix du menu de transfert*

TRANSF. PARTIEL CONSOLE → AUTOMATE

MÉMOIRE UT INSTALLÉE	: 08 K
TRANSFERT SÉQUENCE N° : . . .	: + ENT
RELANCE	: F5
RELANCE AVEC INITIALISATION	: F6
MENU PRÉCÉDENT	: F7

Fig. 15

Appuyer sur

F0 ou F1 ou F2 ou

F3 ou F4 → Apparaît le menu ci-contre.

Suivre les indications de l'écran.

Conclusion

L'exécution du programme d'un SAP en GRAFCET avec les automates C50 ou C100, devient avec la console P1 à la portée de tous.

La console P1, à l'aide de ses touches de fonction, permet de traiter directement et de traduire le GRAFCET.

Exemple
Cette application ne peut décrire toutes les possibilités de l'automate et de sa console de programmation. Il n'a pour but que de présenter la simplicité de la programmation sur ce type de matériel.

- Livret de programmation, réf. : NTA 14 C → Cégélec.
- Stage de programmation.

Application
Un vérin muni d'un tampon doit maintenir une pièce en appui pendant 15 secondes, en vue de l'exécution d'un usinage (fig. 15).
Prévoir présence pièce.

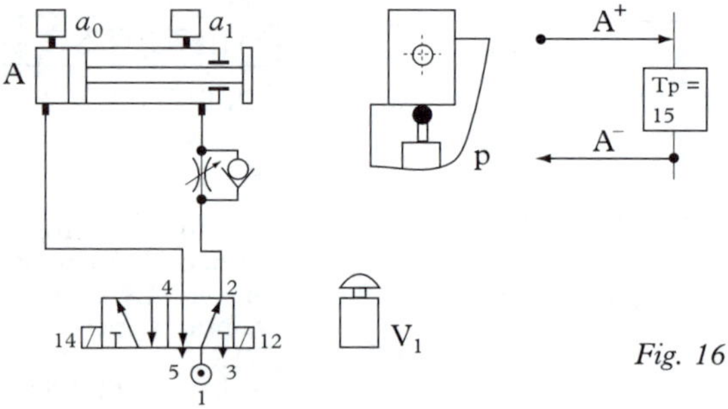

Fig. 16

GRAFCET point de vue PO

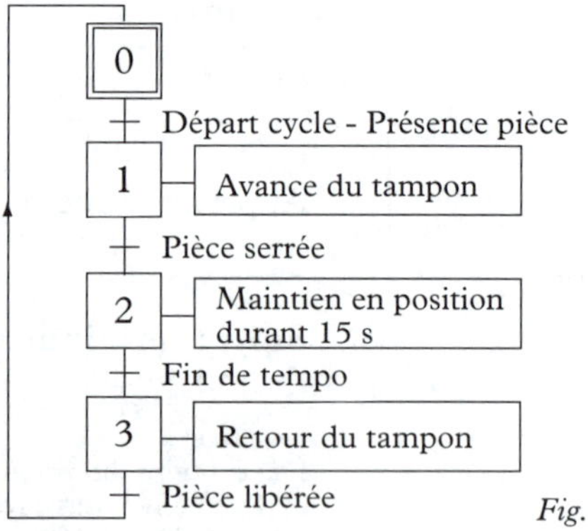

Fig. 17

GRAFCET PC

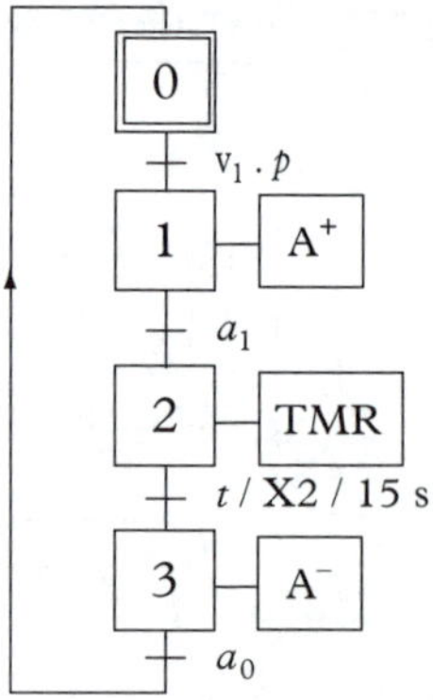

Fig. 1[…]

Matériel sur PO :
- Vérin DE avec réglage de vitesse sur A^+.
- Distributeur 5/2 bistable.
- Capteurs magnétiques à fixation sur vérin.

Affectation des entrées :
$v_1 \rightarrow$ I 0100
$a_0 \rightarrow$ I 0108
$a_1 \rightarrow$ I 0115
Affectation des sorties :
$A^+ \rightarrow$ O 0400
$A^- \rightarrow$ O 0402
Tempo → TMR 01

GRAFCET point de vue PC

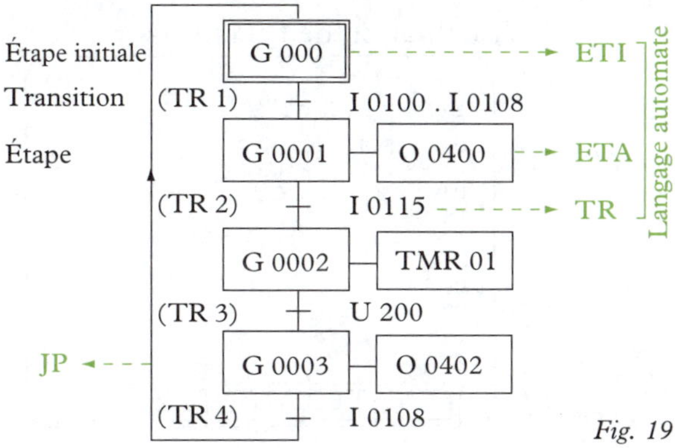

Fig. 19

La mémoire possède 64 registres (adressage de 00 à 63) de 100 étapes. L'adresse d'une étape sera définie par son numéro de registre associé au numéro de l'étape dans le registre.
Exemple : étape n° 3 dans le registre 00 sera notée : adresse G 0003.
Chaque ligne traduit une étape notée ETA G 0001, etc., ou une transition notée TR I0001, etc.

Élaboration du programme

① → *Traduction de la transition* (I 0100 - I 0108).

Composée de plusieurs variables logiques, elle doit être élaborée en une variable interne.
La transition TR1 peut se traduire par :

00	LD	I 0100 → v_1	(LD pour LOAD)
01	ET	I 0108 → $v_1 \cdot a_0$	(ET pour fonction ET)
02	SOR	U 0100	(SOR pour SORTIE)

② → *Code opération ETI (Étape initiale).*

Visualisation de l'écran →

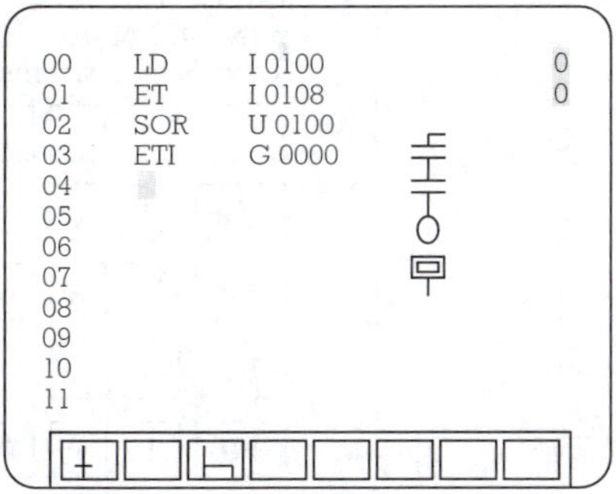

Fig. 20

Méthode

Démarrons le GRAFCET par une étape initiale. Code opération ETI. Le guide opérateur propose par la touche F1 l'étape initiale. La console génère automatiquement la destination G, et choisit l'étape 00 du registre 00.
L'instruction est complète.

Passer à la ligne suivante ↓

③→ *Code opération TR (Transition)*

Visualisation de l'écran →

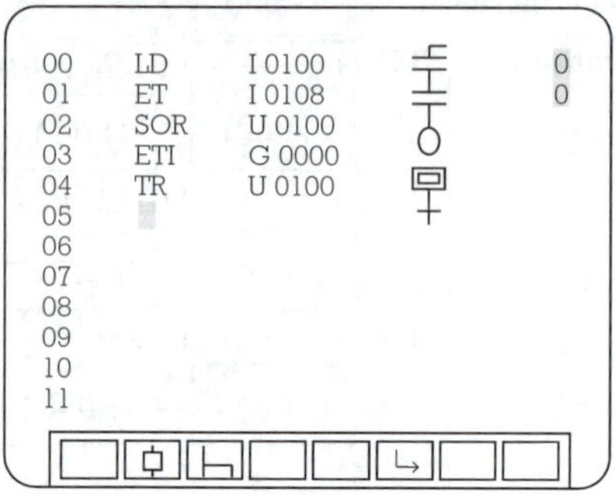

Fig. 21

Méthode

Le guide opérateur propose par la touche [F0] une transition.

Taper successivement

[F0] [U] [1] [0] [0]

puis [↓]

④→ *Code opération ETA (étape)*

Visualisation de l'écran →

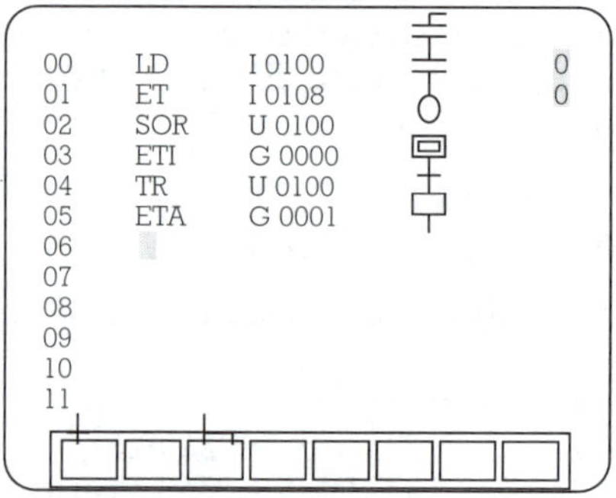

Fig. 22

Méthode

Le guide opérateur propose par la touche [F1] une étape GRAFCET.

Taper successivement [F1] [1] [↓]

⑤→ *Étapes* [2] [3]

Visualisation de l'écran →

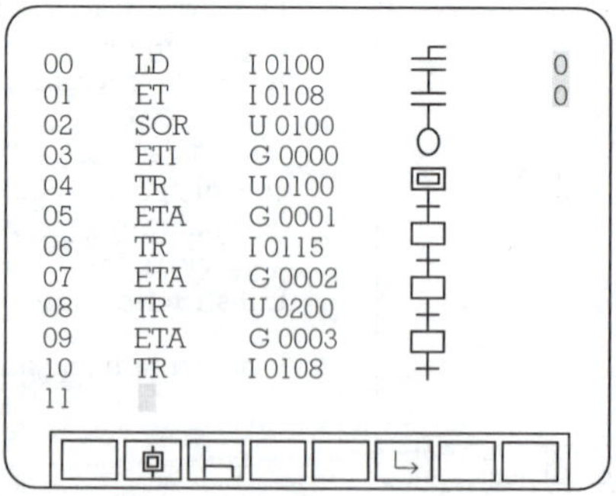

Fig. 23

Méthode

La programmation des lignes suivantes est identique aux chapitres 4.2 et 4.3.

Taper successivement :

[F0] [I] [1] [1] [5] [↓]

[F1] [2] [↓]

[F0] [U] [2] [0] [0] [↓]

[F1] [3] [↓]

[F0] [I] [1] [0] [8] [↓]

⑥→ *Code opération JP (Jump)* → permet de boucler le GRAFCET

Visualisation de l'écran →

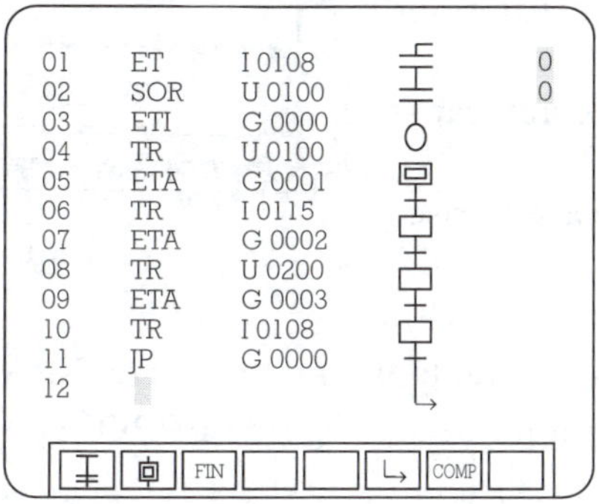

Fig. 24

Méthode

Le guide opérateur propose par la touche F5 le saut d'étape GRAFCET JP. Ce code opération permet de boucler le GRAFCET à l'étape G 0000.

Taper successivement F5 ↓

Nota : le choix de l'étape se fait automatiquement.

⑦→ *Élaboration des actions*

Les actions associées aux étapes de GRAFCET seront décrites, après le dessin du GRAFCET, par un schéma relais.

Soit le programme ci-dessous :

16	LD	G	0001		
17	SOR	O	0400		
18	LD	G	0003		
19	SOR	O	0402		
20	LD	G	0002		
21	TMR	01	A 30	U	0200
22	FIN	P			

8 L'automate TSX 17/20 Télémécanique

Domaine d'utilisation

Comme le précédent, cet automate trouve ses applications dans les SAP de moyennes et petites complexités. Le nombre d'E/S varie suivant le type d'automate (20 à 160 E/S).

Description de l'automate

Cet appareil modulaire est de conception différente du précédent.

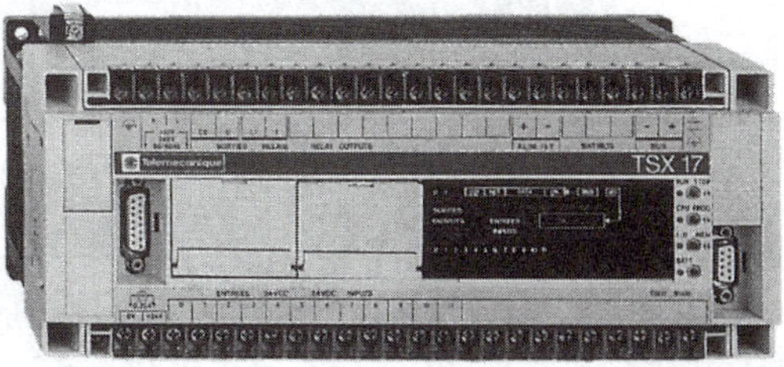

Module de base *Fig. 25*

Il possède :

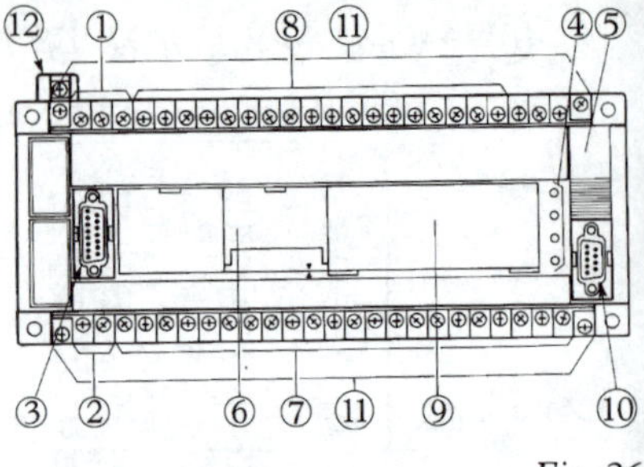

① une alimentation 240 VCA fournissant une alimentation en

② 24 V VCC destinée aux capteurs 24 VCC ;

③ une unité centrale avec prise terminale ;

Fig. 26

④ une visualisation de l'état UC ;

⑤ une pile de sauvegarde de la mémoire interne RAM ;

⑥ une cartouche mémoire de sauvegarde EPROM ;

⑦ des entrées 24 VCC ;

⑧ des sorties sur contact sec ;

⑨ une visualisation des E/S en face avant ;

⑩ un connecteur 9 points pour extension bus E/S ;

⑫ une bonne mise à la terre.

Le langage PL7.1, PL7.2 ou PL7.3
PL7.2 est le nom donné aux langages pour programmer les automates de la gamme série 7.
Ces langages sont des langages graphiques et se présentent sous deux formes.

1. Le langage à contacts
Il comprend tous les éléments (contacts, bobines, blocs fonctions) pour programmer en « schémas-contacts ».

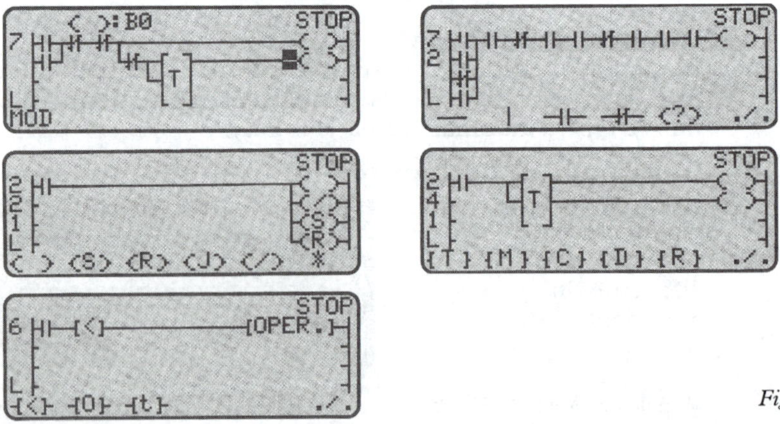

Fig. 27

2. Le langage GRAFCET

Il résulte directement du GRAFCET qui dit que tout automatisme séquentiel peut être décomposé en étapes, transitions et actions.
Sur la console, pour la saisie des étapes, transitions et liaisons orientées, on utilise les touches dynamiques du mode « Programmation ».

3. Initiation au terminal TSX T407

Aprés avoir été mis sous tention par la touche ON, le terminal réalise une série d'autotests.

Si le terminal était précédemment utilisé non connecté à un automate, l'écran ci-contre apparaît. La mention « FONCTIONNEMENT LOCAL » indique que le terminal ne dialogue pas avec l'automate. Demander l'établissement du dialogue par la touche TER.

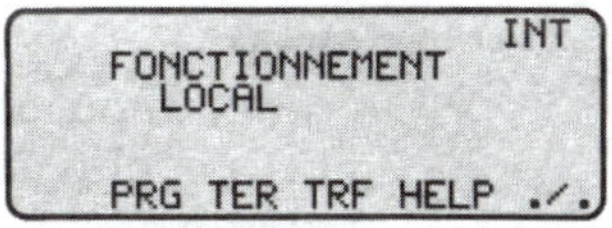

Confirmer la demande par la touche CNX.

Revenir à l'écran de sélection de modes par la touche CLR.

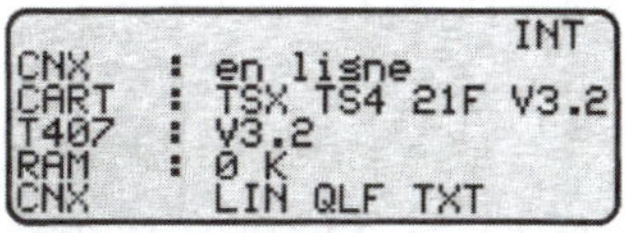

L'information WAIT indique que la mémoire utilisateur n'est pas initialisée. La ligne inférieure propose les différents modes d'utilisation. Appuyer sur la touche PRG.

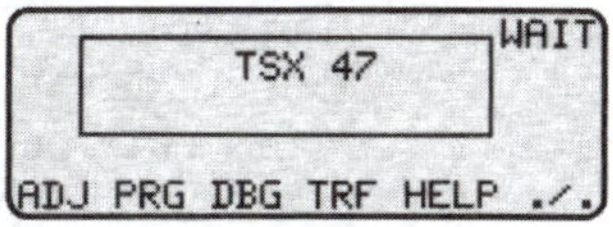

Confirmer le passage en STOP de l'automate par la touche YES.

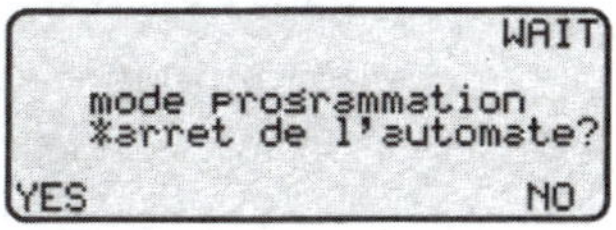

Confirmer l'effacement de la cartouche mémoire utilisateur située dans l'automate par la touche SEQ.

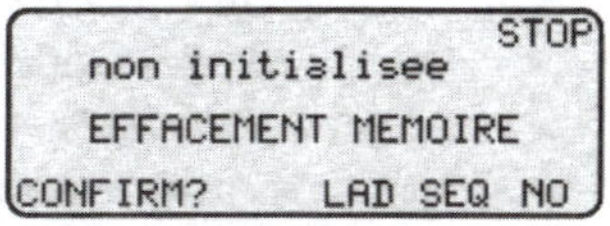

Visualiser l'écran suivant par la touche ./..

Fig. 28

L'écran de sélection de modes est alors visualisé.

14 LES MODULES DE MANIPULATION

1 Objectifs

Ce chapitre permet :
- de situer les bras manipulateurs dans un SAP ;
- d'expliquer le rôle et l'utilisation de ces systèmes ;
- de les mettre en application.

2 Utilisation des ensembles de manipulation

Dans les SAP, l'utilisation des modules de manipulation, appelés « robots » ou encore « bras manipulateurs », occupent une place de plus en plus importante dans les unités à production intensive et répétitive.

3 Constitution et possibilités

Les éléments qui les constituent sont modulables et évolutifs. Ils présentent de nombreuses possibilités d'utilisation en s'adaptant sans problème au travail demandé.

4 Les possibilités de mouvement

L'élément de préhension (pince, aimant, élément de soudage par point, etc.) peut occuper toutes les positions dans l'espace.

Principaux mouvements :

1. Rotation de l'ensemble de 0 à 270°. (A)
2. Montée et descente du bras. (D)
3. Translation avant et arrière du bras. (C)
4. Rotation du système de préhension. (E)
5. Ouverture et fermeture du système de préhension. (B)

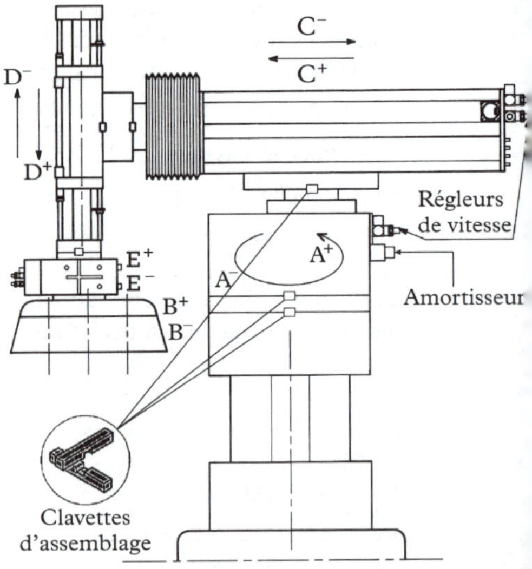

Fig. 1

Document Télémécanique

5 La partie opérative

Elle est constituée d'actionneurs pneumatiques comme :
- vérins DE linéaires avec ou sans dispositif anti-rotation ;
- vérins rotatifs ;
- vérins DE à 2 tiges traversantes.

Les vérins sont souvent équipés de régleurs de vitesse et de système d'amortissement.

6 Les avantages de ces modules

Ils sont nombreux, citons par exemple :
- la souplesse d'utilisation, grâce aux éléments modulables ;
- la précision des mouvements ;
- la possibilité d'exécuter des mouvements complexes demandant de la précision ;
- les cadences de travail qui peuvent être élevées et rapides ;
- la maintenance qui est limitée.

Enfin, ils s'adaptent sans problème aux conditions de travail difficiles comme :
- les milieux pollués (industrie chimique) ;
- les milieux détonants ;
- les atmosphères humides.

7 Configuration d'un manipulateur

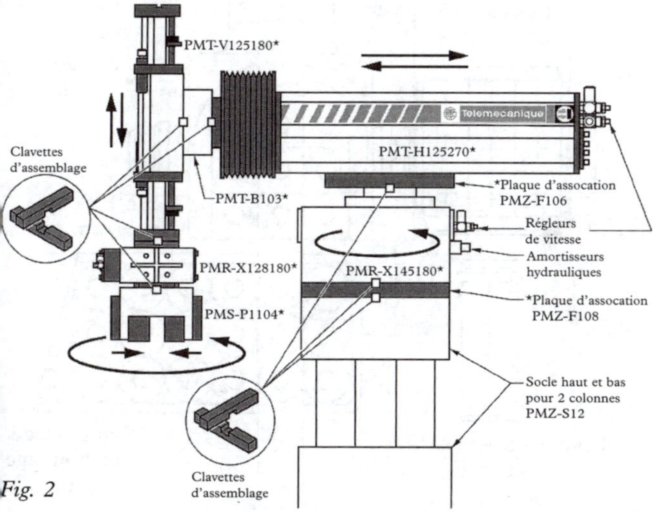

Fig. 2

Exemple :
bras manipulateur Télémécanique.
Quatre degrés de liberté avec module de serrage.
Configuration associant tous les modules entre eux.

Plaques d'association :
- PMZ-F106 : associe les modules de translation PMT-H au module de rotation PMR-X1451080 ou au support 2 colonnes PMZ-S12 ;
- PMZ-F108 associe le module de rotation PMR-X145180 au support 2 colonnes PMZ-S12.

Mise en carton de bouteilles par lot de neuf.

Description du système

Ce système automatisé a pour mission de placer neuf bouteilles dans un carton compartimenté.

Secteur d'activité

Cette chaîne de conditionnement de bouteilles se situe dans une cave de production de vin qui commercialise ce produit en carton de six ou neuf bouteilles.

Schéma de principe

Vue de face

Fig. 3

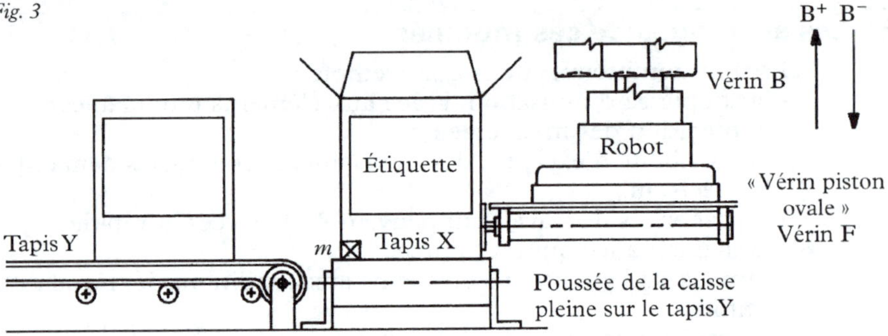

Vue de dessus

Fig. 4

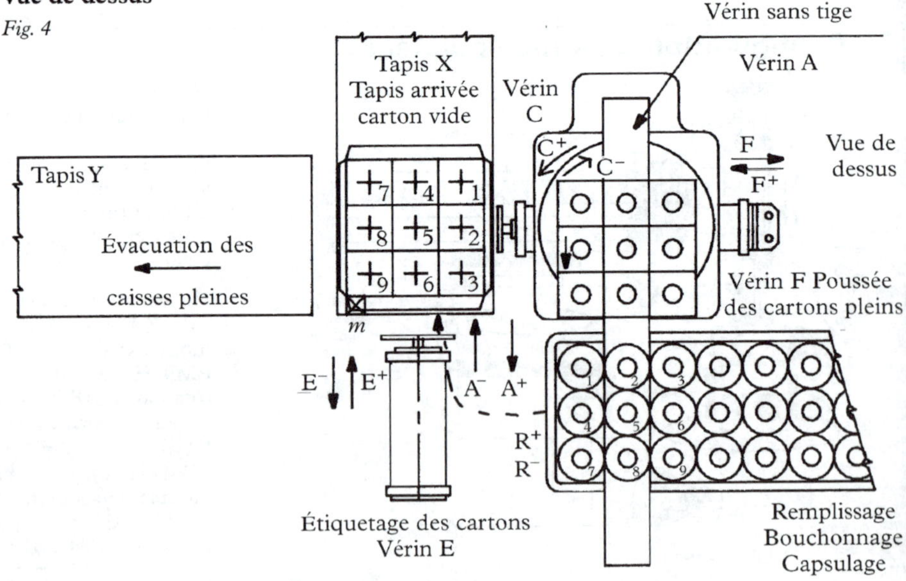

Système de préhension des bouteilles

Ce robot comporte un vérin sans tige équipé d'un système de préhension pour neuf bouteilles. Les bouteilles sont maintenues par le goulot grâce à un système de ventouses.

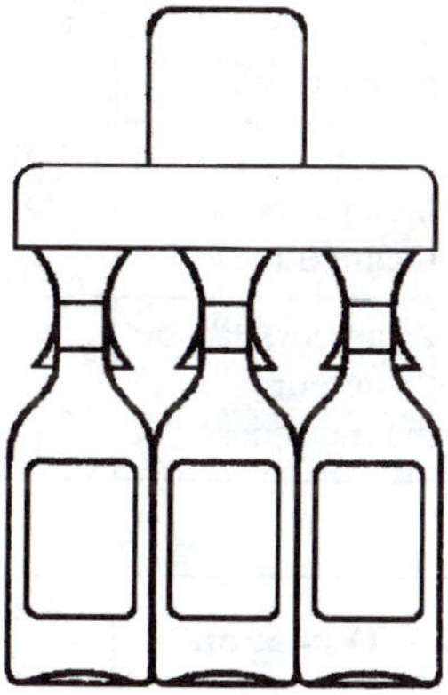

Fig. 5

Cycle du robot

Le cycle peut se décrire de la manière suivante :

1. Le système de préhension se place au-dessus des neuf bouteilles.
2. Descente du système et prise des neuf bouteilles.
3. Remontée du système.
4. Rotation du bras au-dessus du carton à remplir.
5. Mise en place des bouteilles dans les alvéoles du carton.
6. Dégagement du cycle à déterminer.
7. Retour en position initiale.

Fonctionnement du système

Les caisses munies de leurs alvéoles arrivent sur le tapis X et sont détectées (présence carton) par le capteur *m*. À ce moment, deux opérations sont effectuées simultanément.

- 1re séquence : mise en place par le robot suivant le cycle décrit ci-dessus de neuf bouteilles.
- 2e séquence : étiquetage du carton (ne considérer qu'un aller-retour du vérin).

À partir du moment où le robot est revenu en position initiale, le vérin F de poussée du carton plein vient placer celui-ci sur le tapis d'évacuation Y. Un nouveau cycle peut ensuite redémarrer.

- Prévoir une sécurité si : pas présence du carton au début du cycle.
- Prévoir une deuxième sécurité si : pas neuf bouteilles saisies.

Nomenclature de la PO

Suivant le type de technologie choisie (automate ou registre séquenceur), les préactionneurs et la détection seront choisis en fonction de celle-ci.

Pour PC avec automate

- Sur les actionneurs (vérins) : capteurs à détection magnétique.
- Sur les préactionneurs : distributeurs 5/2 bistable à commande électrique.

Pour PC avec registre séquenceur

- Sur les actionneurs :
  • capteurs à chute de pression ;
  • capteurs mécaniques à galet.
- Sur les préactionneurs : distributeur 5/2 bistable à commande PN.

Aspect du GRAFCET

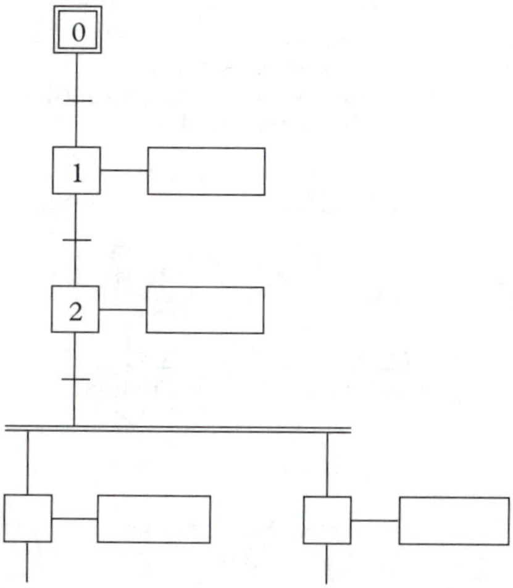

Description des mouvements du robot

Fonctions à assurer		Actionneurs	Pré-actionneurs	Détection	Accessoires de ligne
A	Déplacement du préhenseur	Vérin sans tige VDE - PN	Distributeur 5/2 PN - bistable	2 capteurs PN ou 2 capteurs magnétiques	RDU sur A^+ RDU sur A^-
B	Montée du bras	Vérin piston ovale VDE - PN	Distribueur 5/2 PN - bistable	2 capteurs PN ou 2 capteurs magnétiques	RDU sur B^+ RDU sur B^-
C	Rotation du robot	Vérin rotatif VDE - PN	Distribueur 5/2 PN - bistable	2 capteurs PN ou 2 capteurs magnétiques	RDU sur C^+ RDU sur C^-
D	Préhension des bouteilles	Commerce	Distribueur 5/2 PN - bistable	2 capteurs PN ou 2 capteurs magnétiques	

Description des mouvements du système

Fonctions à assurer		Actionneurs	Pré-actionneurs	Détection	Accessoires de ligne
E	Marquage des cartons	Vérin linéaire VDE - PN	Distributeur 5/2 PN - bistable	2 capteurs PN ou 2 capteurs magnétiques	RDU sur E^+ Amorti sur E^-
F	Poussée des cartons	Vérin linéaire VDE - PN	Distribueur 5/2 PN - bistable	2 capteurs PN ou 2 capteurs magnétiques	RDU sur F^+ Amorti sur F^-

Rotation tapis X
- Présence carton-capteur *m*.
- Mise en marche du moteur KM 1. Tapis X.
- Arrêt du moteur KM 2.

Dialogue opérateur-machine
Boutons MA à 1, 2 ou 3 positions 3/2 NF, voyants.

Départ cycle V1 — Initialisation V2 — Marche V3 — Vérification V4 — Arrêt urgence V5

Sous pression (Vert)

Arrêt urgence (Rouge)

Présence carton (Jaune)

Proposition de travail

Après étude du thème proposé, il est possible de réaliser :
- les différents GRAFCET ;
- le GEMMA ;
- le schéma de la PO et de la PC.

Sur simulateur :

Réaliser le montage et procéder aux essais (le bras manipulateur peut être remplacé par quatre vérins).

Disposition des composants sur simulateur

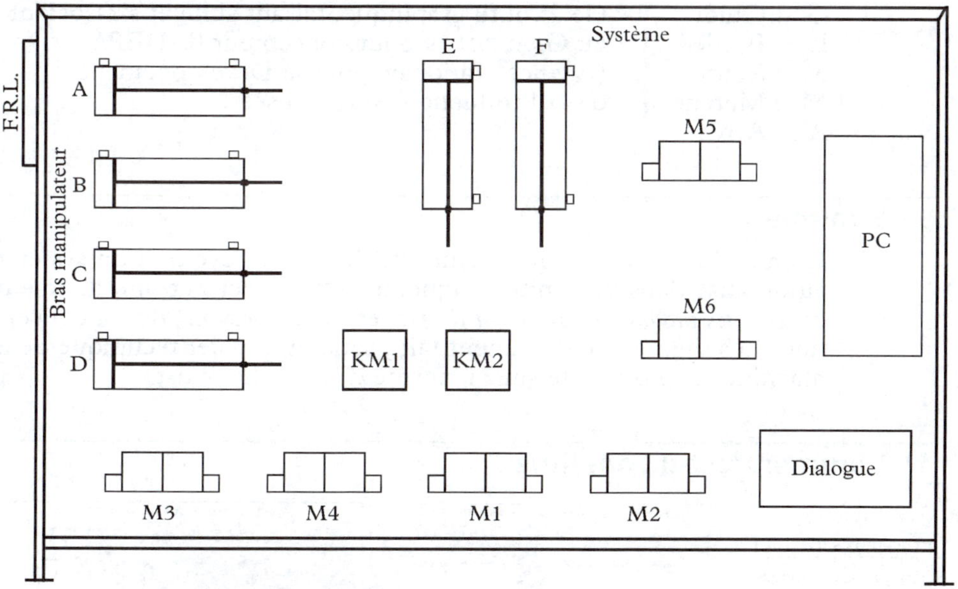

Ce T.P. peut être réalisé avec commande pneumatique ou électrique :
- Commande pneumatique :
Modules séquenceurs.
Distributeurs à commande PN.
Capteurs PN.
- Commande électrique :
Automate.
Distributeurs Électro-PN.
Capteurs magnétiques.

15 LE GEMMA - CONVENTIONS

1 Objectifs

Ce chapitre permet :
- de comprendre le rôle de cet outil graphique ;
- de le lire et de le concevoir ;
- de le mettre en application sur un SAP.

2 Signification de l'abréviation

G : Guide
E : Etude
M : Modes
M : Marche
A : Arrêt

Ce 2e outil graphique, faisant suite et s'associant au GRAFCET, a pour concepteur l'ADEPA (Agence Nationale pour le Développement de la Production Automatisée).

3 Son rôle

Comme le GRAFCET, qui permet de décrire les cycles d'un système automatisé dans une suite logique, le GEMMA permet, lui, de mieux décrire *les modes de marche et d'arrêt* et de les prévoir, dès la conception du système. Ce document fait partie du dossier technique de la machine et se présente sous la forme d'une « check-list ».

4 Comment est-il constitué ?

(A) Procédures d'arrêt

Regroupe tous les modes obligeant à un arrêt du système pour des raisons extérieures à celui-ci.

(D) Procédures de défaillance

Regroupe tous les modes obligeant à un arrêt du système pour des raisons intérieures à celui-ci (dysfonctionnement de la PO en principe).

(F) Procédures de fonctionnement

Regroupe tous les modes de marche nécessaires à la production.

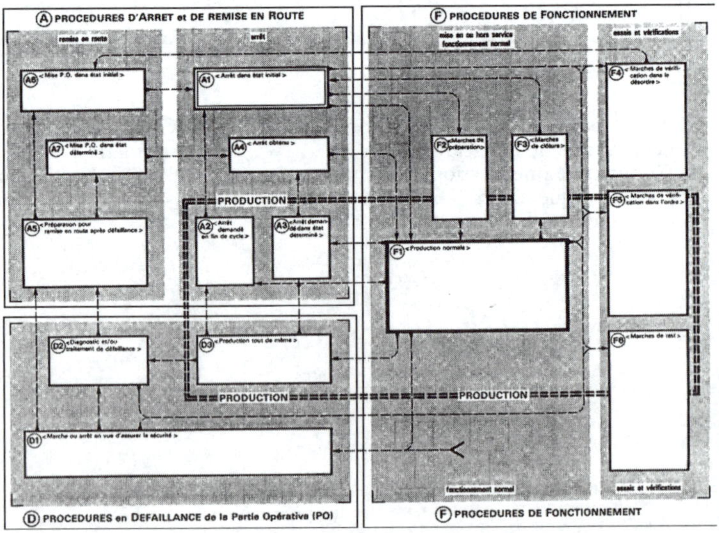

Fig. 1

Document ADEPA

5 Utilisation des « rectangles état »

Sur le plan pratique, lors de l'élaboration du GEMMA, concernant un SAP, seuls *les états nécessaires sont retenus* et utilisés comme suit.

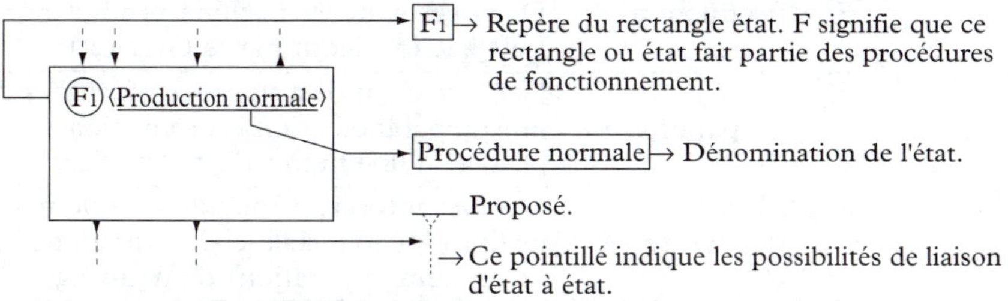

Utilisation des « rectangles état »

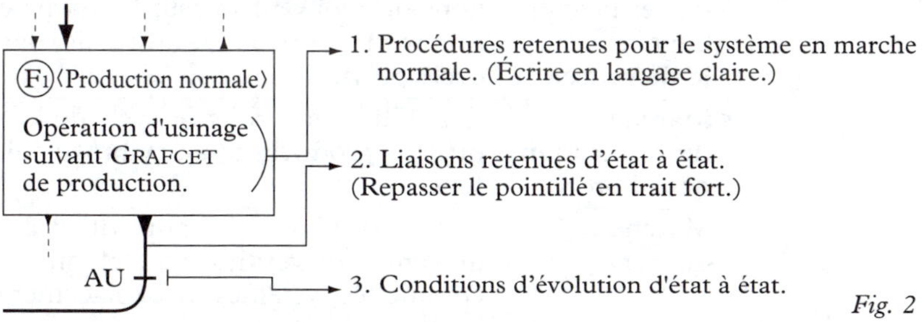

Fig. 2

6 Aspect du guide graphique

Fig. 3

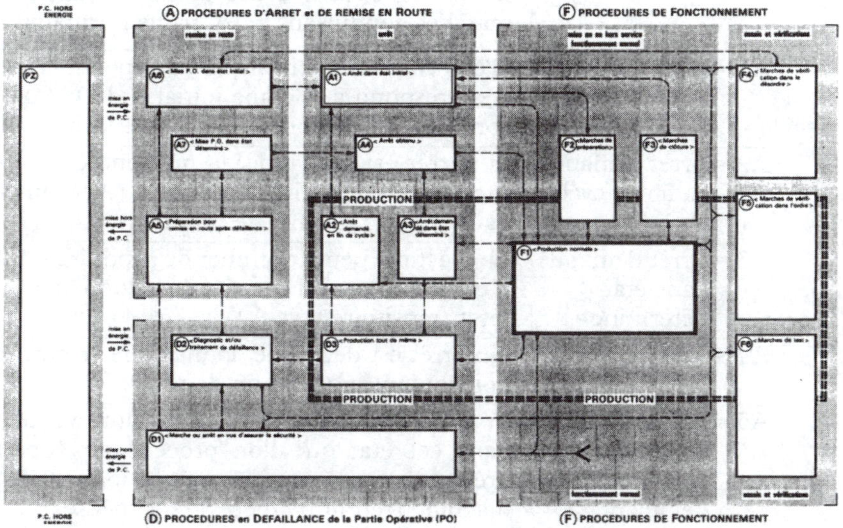

Document ADEPA

7 Définition des états par famille

1. Les états F → Procédures de fonctionnement

F1 <Production normale>	Dans cet état, la machine produit normalement. Le cycle est décrit par le GRAFCET.
F2 <Marche de préparation>	Cet état est utilisé pour les machines demandant une préparation avant la production comme le remplissage d'une trémie d'alimentation.
F3 <Marche de clôture>	Cet état intervient quand, sur une machine après une production, celle-ci doit subir une intervention (en général, opérations de nettoyage).
F4 <Marche de vérification dans le désordre>	Possibilité, dans cet état, de vérifier certaines fonctions ou mouvements sur la machine, sans obligatoirement respecter l'ordre de déroulement du cycle prévu.
F5 <Marche de vérification dans l'ordre>	Possibilité de vérifier le cycle de la machine, avec ou sans production, au rythme voulu par l'opérateur.
F6 <Marche de test>	Pour machines comportant des capteurs qui doivent être vérifiés ou étalonnés régulièrement comme les systèmes de déplacement de pièces.

2. Les états A → Procédures d'arrêt

Ils correspondent à des arrêts normaux ou des marches conduisant à des arrêts normaux.

A1 <Arrêt dans l'état initial>	C'est l'état correspondant à l'état repos de la machine. Il correspond à « l'étape initiale » du GRAFCET et, comme elle, comporte un double trait.
A2 <Arrêt demandé en fin de cycle>	Si l'arrêt est demandé, la machine continue son cycle jusqu'à la fin de celui-ci (A2 peut entrer dans le cycle normal de production).
A3 <Arrêt demandé dans état déterminé>	La machine peut continuer de produire si un arrêt n'est pas demandé en une position quelconque (état transitoire vers A4).
A4 <Arrêt obtenu>	Un arrêt est demandé, la machine arrêtée en une position autre que la fin de cycle.
A5 <Préparation pour remise en route après défaillance>	Si une défaillance (arrêt) est intervenue, c'est dans cet état que l'on procède aux opérations prévues pour la remise en fonctionnement de la machine (retrait de pièces défectueuses).

A6 <Mise PO dans état initial>	On remet la PO dans l'état initial pour le redémarrage du système (intervention manuelle ou automatique).
A7 <Mise PO dans état déterminé>	On remet la PO dans une position autre que l'étape initiale pour un redémarrage.

3. Les états D → Procédures de défaillance de la PO

États de marches et arrêts de la PO.

D1 <Arrêt d'urgence>	Si un arrêt d'urgence est demandé par l'opérateur, c'est l'état pris par le système. On prévoit : - les arrêts ; - les cycles de dégagement des actionneurs.
D2 <Diagnostic et/ou traitement de défaillance>	Ici, la machine peut être examinée après un dysfonctionnement. Un redémarrage peut être envisagé.
D3 <Production tout de même>	Même après défaillance, la production doit continuer. Possibilité de faire intervenir des opérateurs extérieurs.

8 Établissement du GEMMA à partir d'un exemple

Thème : Pliage d'une pièce en deux étapes.

Pièce à obtenir

Matière : Laiton
Tps de fabric : 12 s

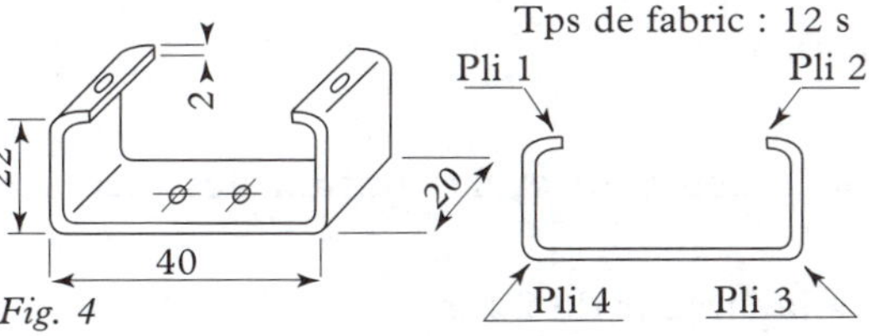

Fig. 4

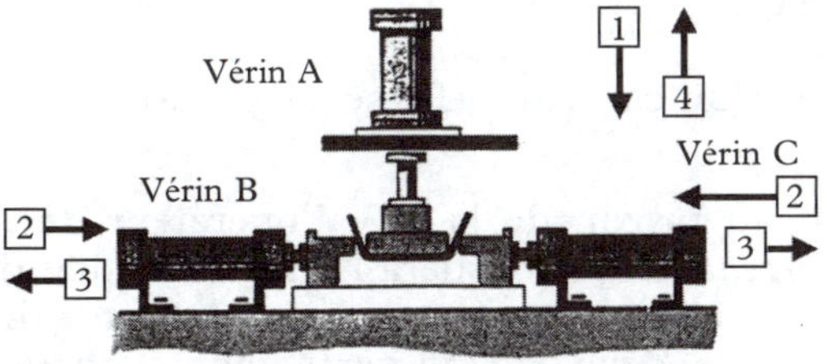

Fig. 5

GRAFCET « Point de vue PO »

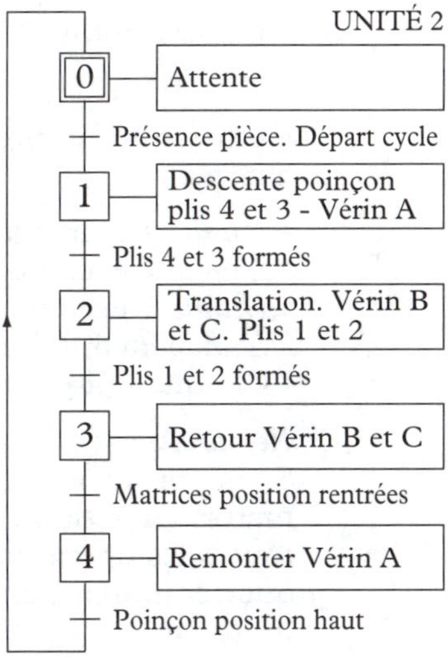

Description du fonctionnement

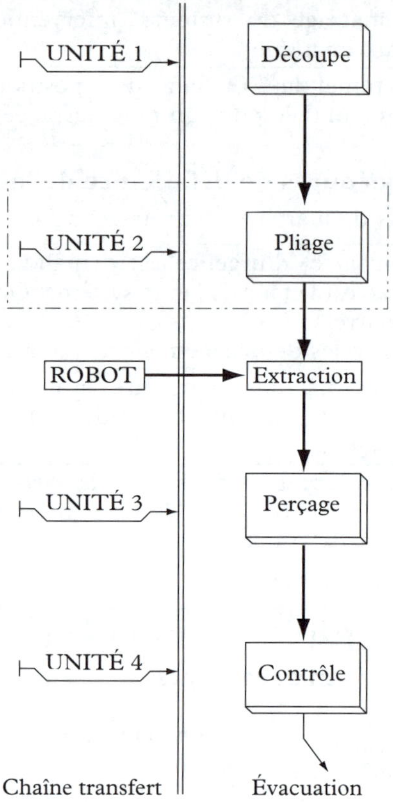

Fig. 6

Cette unité de production exécute en cycle continu des pièces en laiton.

- *L'unité 1* coupe la pièce à la largeur de 20 mm.
- *L'unité 2* exécute les pliages.
- *L'unité 3* exécute les perçages.
- *L'unité 4* contrôle les plis.
- Chaque unité est pourvue d'un capteur : « Présence pièce ».

Remarque
Si un problème intervient au niveau de la PO, l'opérateur devra mettre en action l'*arrêt d'urgence*. Il provoquera l'arrêt immédiat de toutes les opérations en cours et le retour en position « Attente » des quatre unités par un cycle de dégagement particulier à chaque unité.

Établissement du GEMMA *Fig. 7*

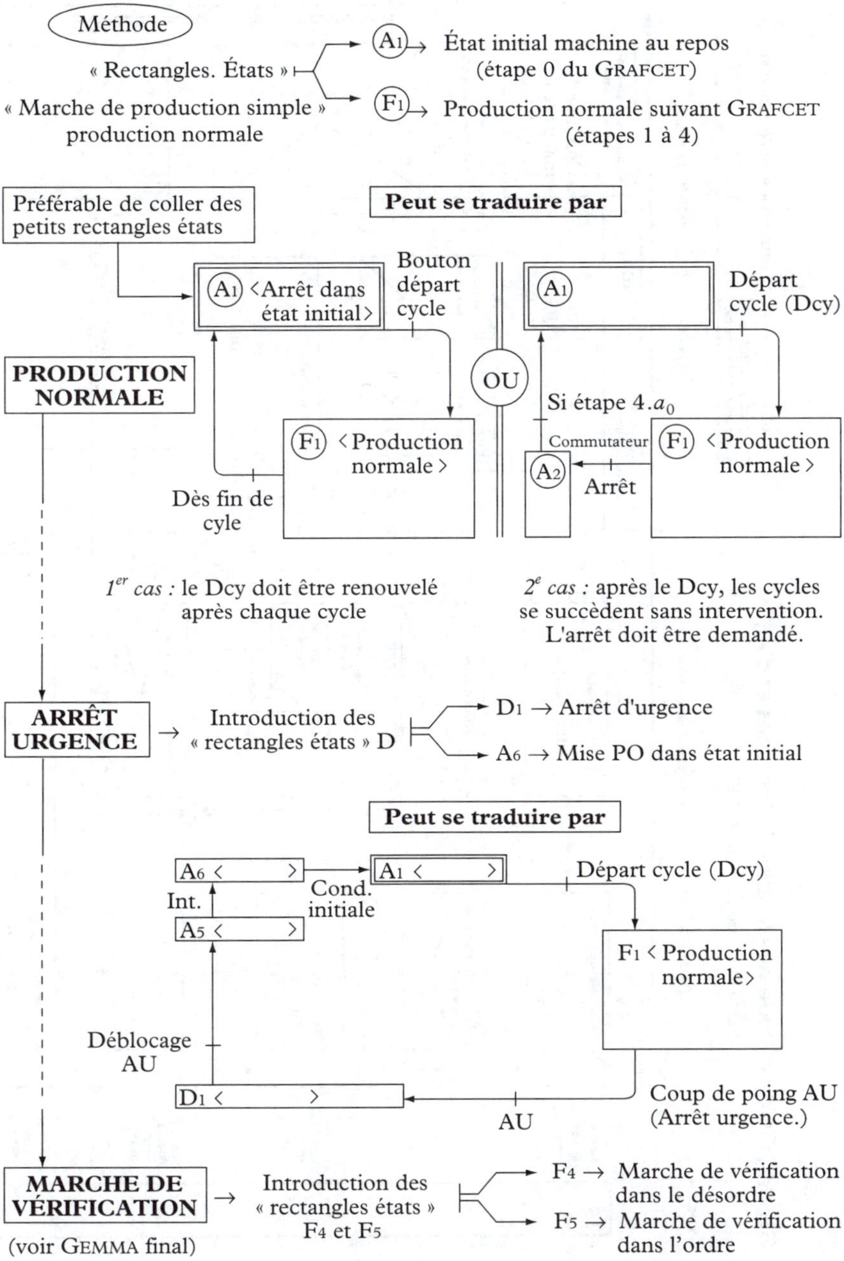

Proposition de Gemma final *Fig. 8*

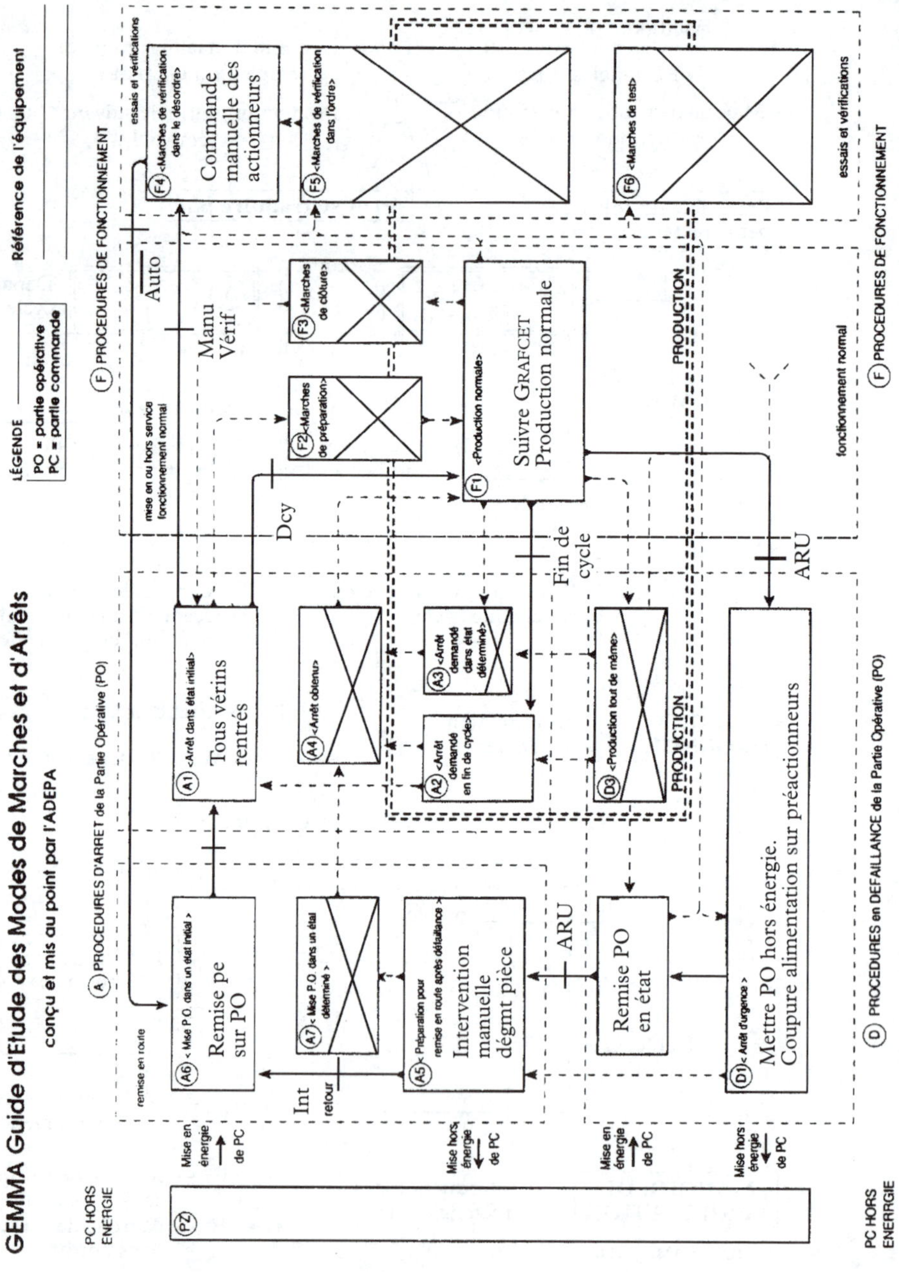

9 Récapitulatif et utilisation des outils graphiques

Le système à concevoir →
- Un client possède une idée
- Un technico-commercial concrétise cette idée par :

↓

Un projet → Il a pour but
- de définir superficiellement le produit;
- d'effectuer une première approche;
- de définir des solutions.

↓

Entraîne

↓

Définition du cahier des charges → GRAFCET «Point de vue système»

Langage à adopter :
Ex. → Perçage – Matriçage – Poinçonnage

↓

Définition d'une suite logique des actions à effectuer → GRAFCET «Point de vue PO»

Langage à adopter :
Ex. → Descendre tête de perçage
Avancer le poinçon
Ouvrir la trémie de dosage

↓

Mettre en évidence les spécifications fonctionnelles de la PC à réaliser (classification des E/S) → GRAFCET «Point de vue PC»

Langage à adopter :
Actions → A^+, B^+, B^-,...
Réceptivités → a_0, v_1,...

↓

Assurer les différents modes de marche et d'arrêt, les sécurités et arrêt d'urgence afin de réaliser un produit conforme aux normes de sécurité → GEMMA

Système automatisé de transfert de bouteilles

Schéma de principe

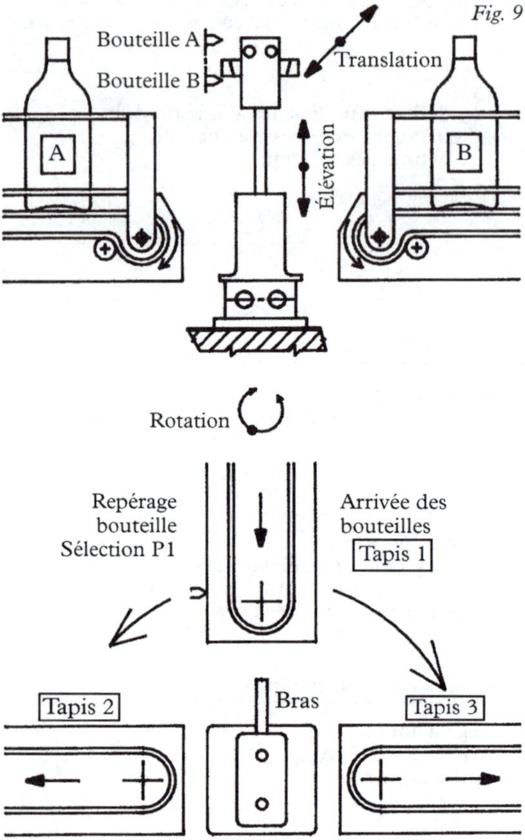

Fig. 9

Vue de dessus

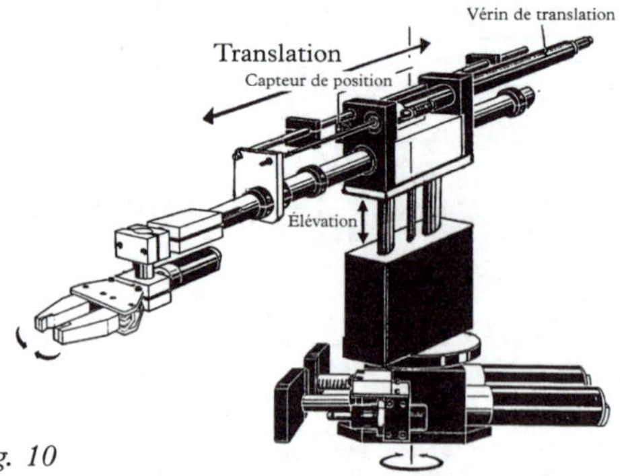

Fig. 10

Description du fonctionnement

Ce système de convoyage et de tri de bouteilles a pour rôle de transférer une bouteille du tapis 1 sur le tapis 2 ou des bouteilles du tapis 1 sur le tapis 3 (mouvement alterné).

Pour effectuer ce travail, un robot placé entre les deux tapis se déplace à gauche pour les bouteilles A et à droite pour les bouteilles B.

Description du manipulateur

Ce bras-transfert est muni de quatre modules pneumatiques.

Actionneurs

Translation du bras : 1 vérin DE - course 800 mm.

Elévation du bras : 1 vérin DE - course 400 mm.

Rotation de l'ensemble : 2 vérins DE - montés en opposition.

Ouverture-fermeture de la pince : 1 vérin DE.

Préactionneurs

Distributeurs 5/2 bistables - Commande électrique.

Détection

Capteurs magnétiques montés sur vérin.

Cycle prévu

Le cycle retenu pour effectuer ce travail est le suivant :

1. Bras en attente au-dessus du tapis 1.
2. Descente du bras et ouverture de la pince.
3. Fermeture de la pince.
4. Remontée du bras.
5. Rotation sur tapis 2.
6. Descente du bras au-dessus tapis 2.
7. Ouverture de la pince.
8. Remontée du bras.
9. Rotation au-dessus du tapis 1.
10. Mêmes opérations pour tapis 3.

Description de la PC

La partie commande sera gérée par un API.

Proposition de TP

Cet exemple offre la possibilité de réaliser :
- les GRAFCET point de vue « PO » et « PC » ;
- le GEMMA ;
- le schéma de la partie opérative ;
- le montage sur le simulateur et d'effectuer ensuite les essais.

Désignation des actions et réceptivités

Fonctions à assurer	Mouvements	détection	Pré-actionneur
Rotation manipulateur à droite	RMD	a_1	M1
Rotation manipulateur au centre	RMC	a_0	
Rotation manipulateur à gauche	RMG	a_2	
Ouverture de la pince	B^+	b_1	M2
Fermeture de la pince	B^-	b_0	
Montée du manipulateur	C^+	c_1	M3
Descente du manipulateur	C^-	c_0	
Détection des bouteilles vers tapis gauche p. Détection des bouteilles vers tapis droit p_1.			

Organisation sur simulateur

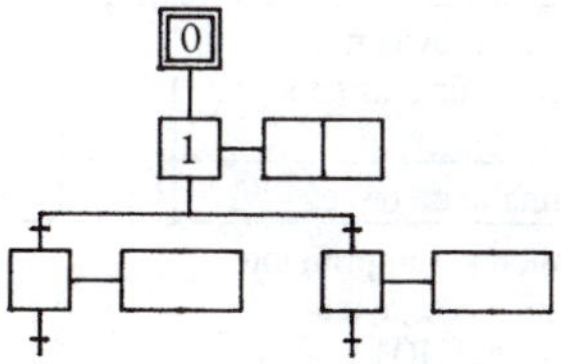

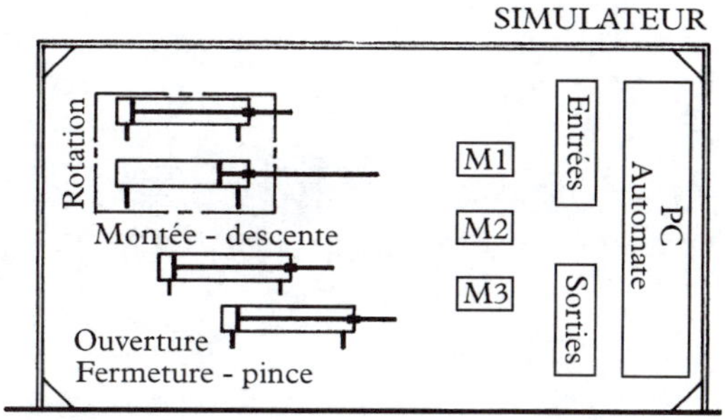

GEMMA

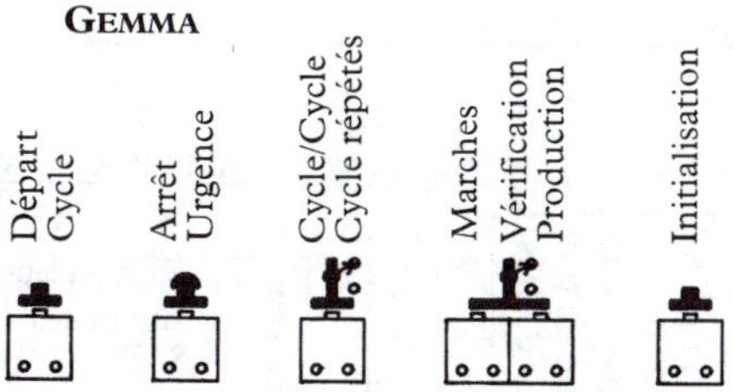

Le système comporte un arrêt d'urgence qui, en cas de fonctionnement anormal du système, coupera la pression sur la PO.

Le cycle de dégagement sera prévu comme suit : retour du bras au-dessus du tapis 1, en position haute, pince fermée.

16 LOGICIEL D'AUTOMATISME

1 Généralités

Ce logiciel tournant sur PC permet la *conception des programmes de pilotage des systèmes automatiques* pour API ou cartes, le pilotage de processus industriels, la simulation de programmes d'automates et la formation à la programmation des différents automates.

2 Les langages de programmation

Les langages de programmation proposés peuvent être tous utilisés dans un même programme : GRAFCET normalisés (Adépa, norme 05/1992 et norme internationale CEI du 03/1993, GEMMA, Ladder, Logigrammes, Organigrammes, Blocs fonctionnels, Langage littéral et sous programmes en langages constructeurs).

Fonctionnalités	DOS	Windows
Éditeur GRAFCET	√	√
Éditeur GEMMA		√
Éditeur Logigrammes	√	√
Éditeur Ladder	√	√
Éditeur Organigrammes	√	√
Éditeur Blocs fonctionnels	√	√
Éditeur Langage Littéral	√	√
Compilateur	√	√
Compilation en tâche de fond		√
Échelles pour l'affichage	2	5
Visualisation dynamique simultanée sur plusieurs fenêtres	√	√
Gestionnaire de projet		√
Impression sur imprimante compatible avec le jeu de caractères IBM	√	√
Impression sur les imprimantes graphiques compatibles Windows		√

3 Structure du logiciel

Fig. 1

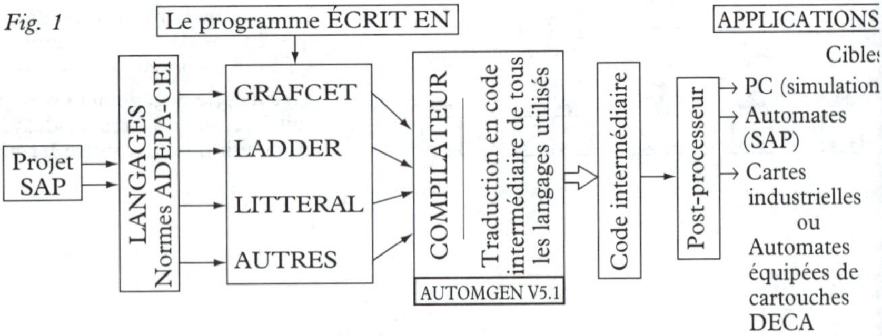

4 Rôle du compilateur

Intégré dans le logiciel, il a pour rôle de transformer une application écrite avec les langages (GRAFCET, Ladder, etc.) en langage automate ou code machine.

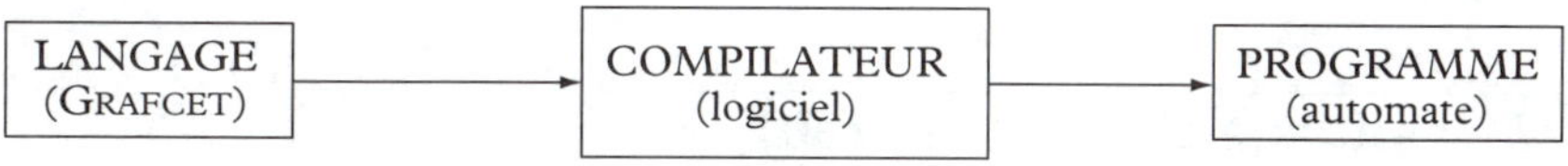

Fig. 2

La compilation est exécutée en deux étapes. Tout d'abord, le programme écrit en langage évolué (GRAFCET et autres) est compilé pour être traduit en langage « AUTOMGEN » puis, via un post-processeur spécifique, il est converti en langage de la machine cible. Deux familles de post-processeurs sont disponibles :
- post-processeur générateur de code constructeur ;
- post-processeur générateur de code machine.

5 Exécuter un programme généré par AUTOMGEN

Un programme issu d'AUTOMGEN peut être exécuté sur un PC ou une carte à micro-processeur ou bien sûr, un automate. Dans ce cas précis, le programmeur a le choix entres les deux familles de post-processeurs.

Code constructeur : il respecte les caractéristiques du constructeur et supprime les limitations liées à la traduction en code constructeur transfert rapide de l'application dans l'automate, contrôle des modes de marche (Run - stop - pas à pas), optimisation de l'espace mémoire de l'automate, calculs sur nombres entiers et réels.

Gamme d'automate	**Post-processeur code constructeur**	**Post-processeur code machine**
PB	Oui	Oui (PB15)
SMC	Oui	Non
Cégélec Alspa	Oui	Non
Télémécanique (PL72)	Oui	Oui
Télémécanique (PL73)	Oui	Oui
Siemens	Oui	Oui (S5-95U)
Crouzet	Oui	Non
Omron	Oui	Non
Klockner Moeller	Oui	Non
April	Oui	Non
ABB	Oui	Non
Allen Bradley	Oui	Non
Festo	Non	Oui
General Electric	Oui	Non

6 Simulation sur PC

Une des fonctions les plus importantes est la possibilité de simuler le programme sur PC sans être relié à aucun système cible et donc d'effectuer la mise au point du programme sans être sur « site ».

7 Langage GRAFCET (extrait)

AUTOMGEN implémente ou autorise le GRAFCET, tel que le définit la norme (séquences simultanées ou alternées, forçages, mémorisation ; figeage, macro-étapes).

Aspect	Touche associée	Nom génétique	Commentaires
+	[T]	Transition	Transition
	[K]	Bord gauche d'une divergence en « Et »	Obligatoirement à gauche des divergences en « Et »
	[L]	Branche supplémentaire d'une divergence en « Et » ou convergence en « Et »	Ne pas utiliser comme bord gauche ou droit d'une divergence en « Et »
	[B]	Étape	Étape normale
	[C]	Étape initiale sans activation	Étape initiale sans activation
	[D]	Étape initiale	Étape initiale

8 Le GEMMA

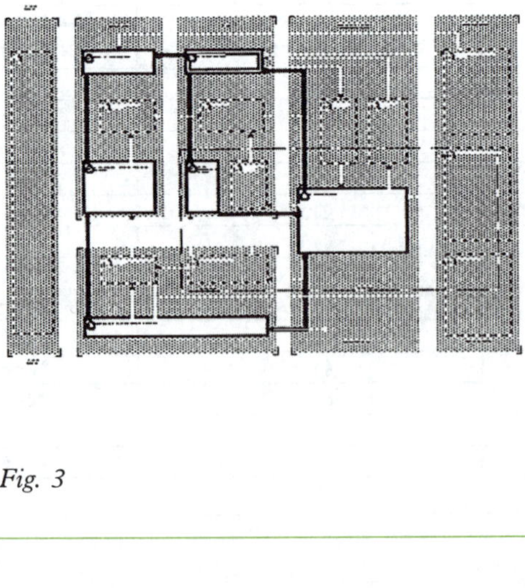

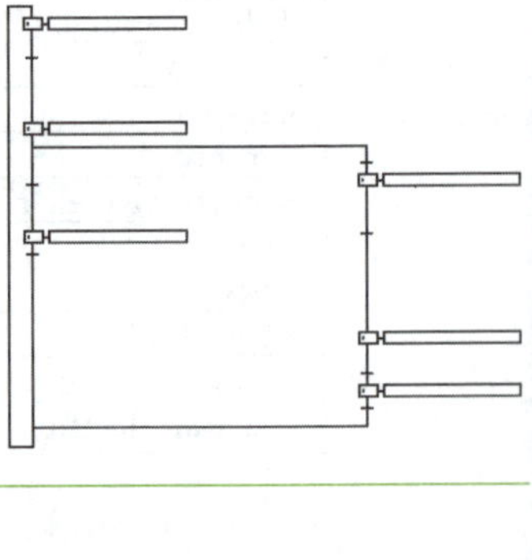

Fig. 3

AUTOMGEN implémente la description de GRAFCET de gestion des modes de marche, sous forme de GEMMA.
La traduction du GEMMA en GRAFCET de gestion des modes de marche est immédiate et automatique.

9 Les clients

AUTOMGEN est utilisé par de grands groupes tels que Gaz de France, les sources Perrier, SKF, la Lyonnaise des Eaux, Labo Upsa, le Centre d'Études Nucléaires de Grenoble (CENG), Arnould Appareillage Électrique, etc.
AUTOMGEN est recommandé par l'Éducation nationale pour les sections Bac Technique et 2TSA. Utilisé à tous les niveaux de formation, initiale ou continue, (IUT, lycées, écoles d'ingénieurs, etc.), AUTOMGEN met la programmation des automates à la portée de tous.

10 Coordonnées des concepteurs

Logiciel AUTOMGEN V5.1 — Post-processeur

Société IRAI — Société DECA

11, rue des Églantiers
30110 La Grand'Combe

L'ensemble comprend :
- 1 module principal AUTOMGEN/Windows-Dos.
- 1 module post-processeur.
- 1 module d'utilisation.
- 1 dongle (protection du logiciel)
- 1 cartouche langage DÉCA, si utilisation post-processeur code machine.

Sur simple demande, la société Irai envoie une disquette démonstration, gratuitement sur l'utilisation du logiciel AUTOMGEN.
(Voir coordonnées ci-dessus.)

17 LA SYMBOLISATION

1 Les énergies

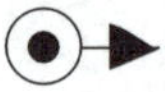 Énergie hydraulique

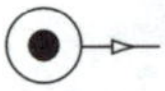 Circuit PN air lubrifié

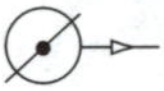 Circuit PN air sec

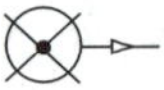 Circuit PN basse pression

Unité de traitement de l'air (FLR) 

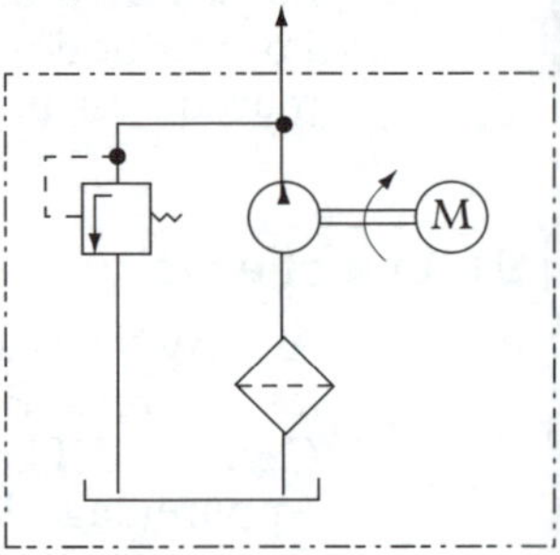

Groupe hydraulique

2 Les actionneurs

1. Les vérins

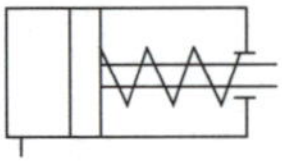 Vérin simple effet (tige rentrée à l'état repos)

 Vérin simple effet (tige sortie à l'état repos)

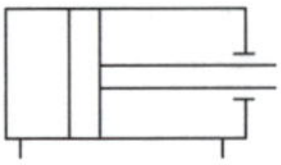 Vérin double effet non amorti

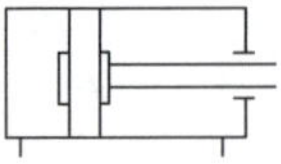 Vérin double effet amortissement avant et arrière

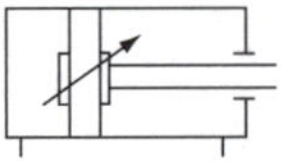 Vérin double effet amortissement avant et arrière réglable

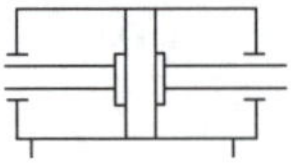 Vérin double effet tige traversante

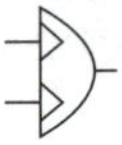 Vérin rotatif double effet

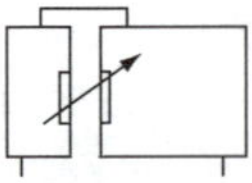 Vérin sans tige à bandes DE à chariot guide

2. Moteurs

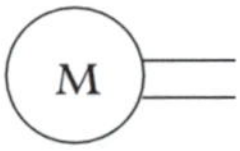

Moteur électrique

Moteur thermique

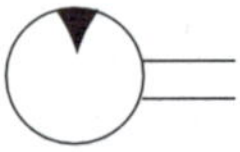 Moteur hydraulique à cylindrée fixe` (1 sens de flux)

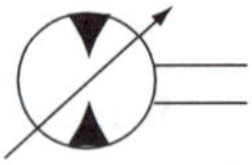 à 2 sens de flux réglable

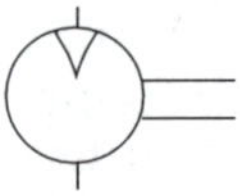 Moteur PN à cylindrée fixe (1 sens de flux)

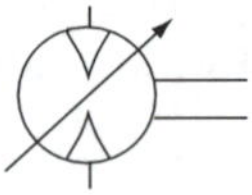 Moteur PN à cylindrée variable (2 sens de flux)

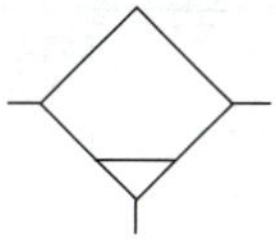

Purge manuelle

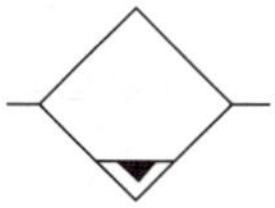

Purge automatique

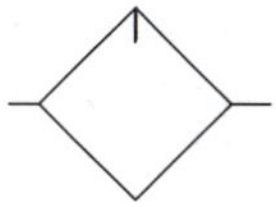

Lubrificateur

Manomètre

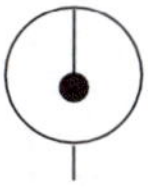

Thermomètre

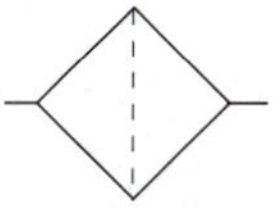

Filtre-crépine

Pompes

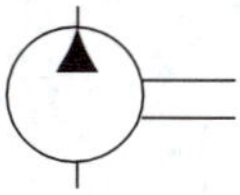

Pompe hydraulique
à cylindrée fixe
(1 sens de flux)

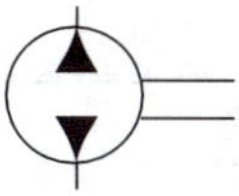

Pompe hydraulique
à 2 sens de flux

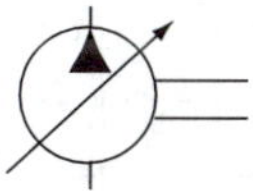

Pompe hydraulique
à cylindrée variable
(1 sens de flux)

Appareils complémentaires pneumatiques

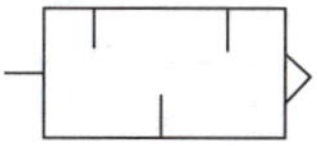

Silencieux

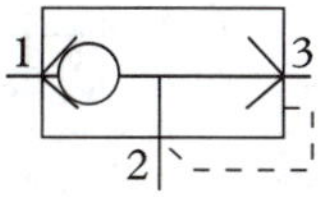

Purge rapide

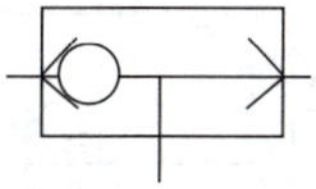

Sélecteur de circuit

3 Les distributeurs

Le symbole des distributeurs comprend autant de cases que de positions.

2 positions ⇒ 2 cases 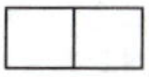 3 positions ⇒ 3 cases 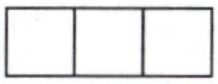

Dans ces cases, il convient de matérialiser les voies et orifices.

3/2	NF ou NO	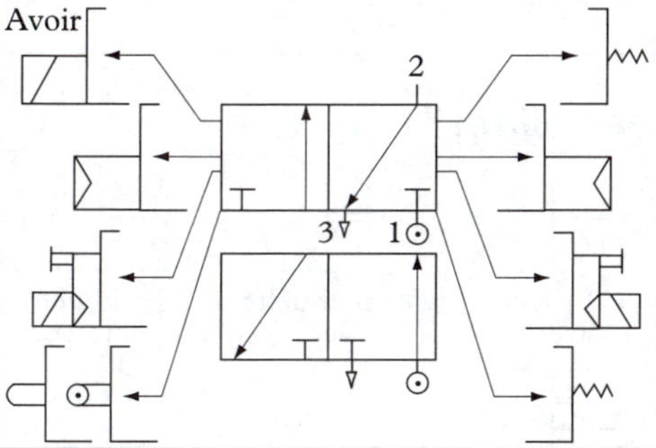	Électricité pneumatique Élect-PN	Ressort pneumatique Électro-PN
			Musculaire galet-poussoir	Ressort

Sur les distributeurs 2/2 et 3/2, une indication supplémentaire est nécessaire :
NF : Normalement Fermé à l'état repos. NO : Normalement Ouvert à l'état repos.

4/2		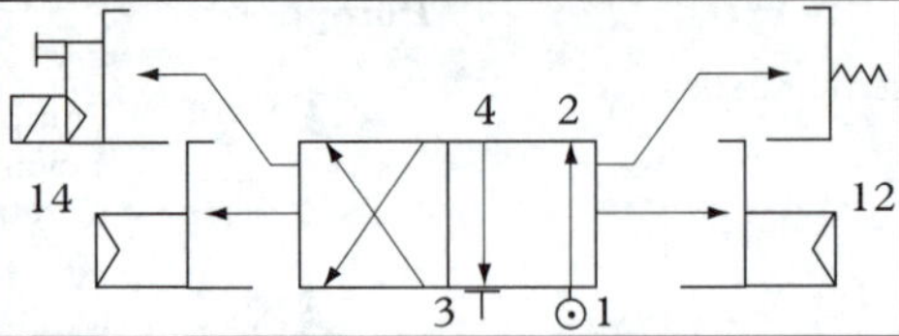	Électro-PN Pneumatique	Ressort Pneumatique
5/2		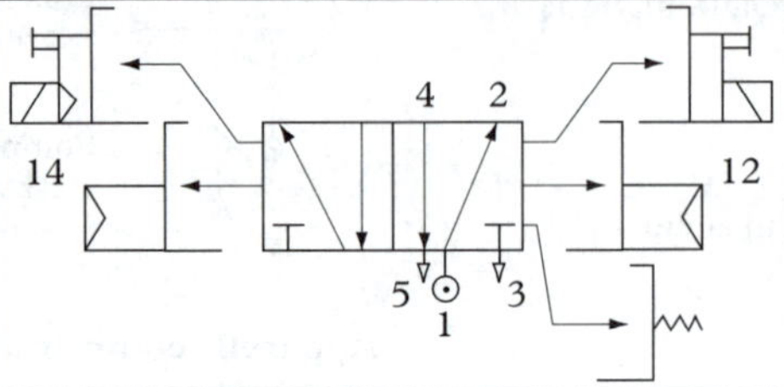	Électro-PN Pneumatique Pneumatique	Électro-PN Pneumatique Ressort
5/3		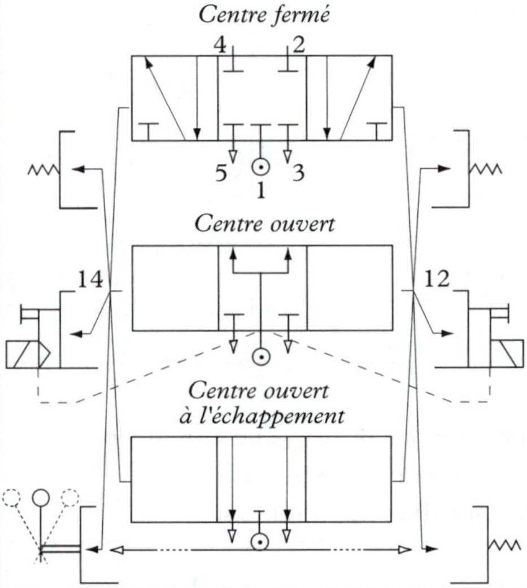	Pneumatique Électro-PN Levier	Pneumatique Électro-PN Ressort

4 Les commandes (possibilités)

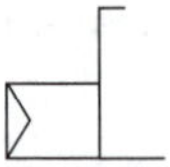
C^{de} PN avec

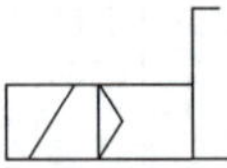
C^{de} élect-PN avec

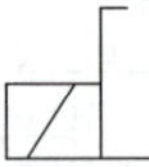
C^{de} élect avec

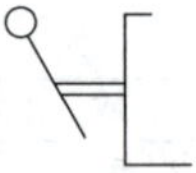
C^{de} manuelle avec

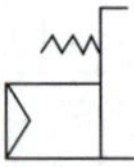
C^{de} PN et rappel/ressort (5/3)

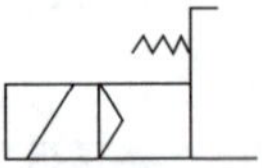
C^{de} élect-PN et rappel/ressort (5/3)

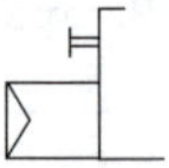
C^{de} manuelle sur distributeur

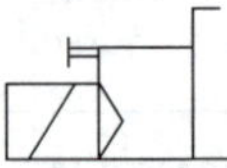
C^{de} manuelle sur l'EV

C^{de} manuelle

Rappel/ressort

5 Repérage des orifices sur les distributeurs

2/2 et 3/2	4/2 - 5/2 - 5/3
1 → Arrivée de la pression → NF 2 → Utilisation 3 → Échappement	1 → Arrivée de la pression 2 - 4 → Utilisations 3 - 5 → Échappements

(14) - (12) → Pilotages

Établit la liaison entre : orifices 1 et 4 ← (14)

(12) → Établit la liaison entre : orifices 1 et 2

6 Les fonctions logiques

Opérateur ou fonction	Cas de 2 variables a et b				n variables	
	équation logique	symboles usuels AFNOR	symboles usuels ASGS	table de vérité	symbole	$s = 1$ si
OUI	$S = a$	a [1] S	a ▷ S	a S 0 0 1 1		
NON	$S = \overline{a}$	a [1]◦ S	a ▷◦ S	a S 0 1 1 0		
OU	$S = a + b$	a, b [≥1] S	a, b S	a b S 0 0 0 0 1 1 1 0 1 1 1 1	[≥1]	une entrée à 1, autres à 0 ou 1
ET	$S = a.b$	a, b [&] S	a, b S	a b S 0 0 0 0 1 0 1 0 0 1 1 1	[&]	toutes les entrées à 1
inhibition	$S = \overline{a}.b$	a◦, b [&] S	a◦, b S	a b S 0 0 0 0 1 1 1 0 0 1 1 0	◦[&]	entrées inhibées à 0, autres à 1
NAND (NON ET)	$S = \overline{a.b} = \overline{a} + \overline{b}$	a, b [&]◦ S	a, b ◦S	a b S 0 0 1 0 1 1 1 0 1 1 1 0	[&]◦	1 entrée à 0, autres à 0 ou 1
NI NOR (NON OU)	$S = \overline{a + b} = \overline{a}.\overline{b}$	a, b [≥1]◦ S	a, b ◦S	a b S 0 0 1 0 1 0 1 0 0 1 1 0	[≥1]◦	toutes les entrées à 0
OU EXCLUSIF	$S = a \oplus b$	a, b [=1] S	a, b S	a b S 0 0 0 0 1 1 1 0 1 1 1 0	[=1]	1 seule entrée à 1, autre à 0
identité logique	$S = \overline{a \oplus b}$	a, b [=] S	a, b ◦S	a b S 0 0 1 0 1 0 1 0 0 1 1 1	[=]	toutes les entrées au même état, 0 ou 1

7 Registre séquenceur

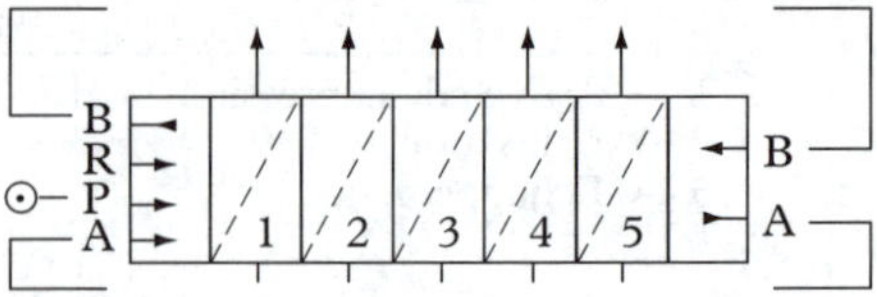

Mémoire bistable

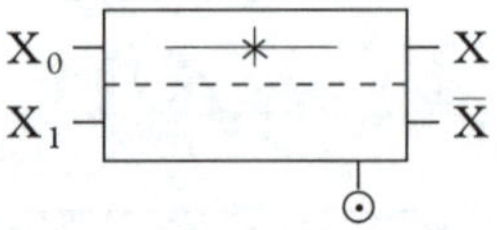

Inscription prioritaire

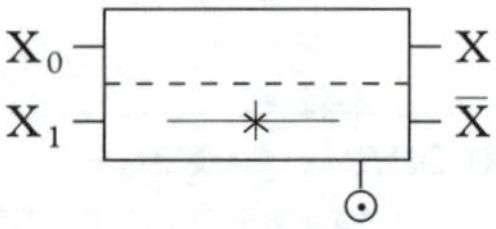

Effacement prioritaire

Temporisation réglable

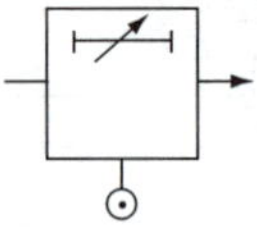

Sortie positive

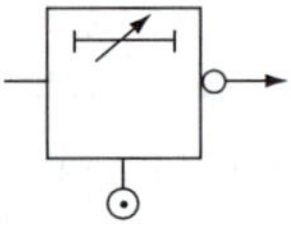

Sortie négative

Le GRAFCET

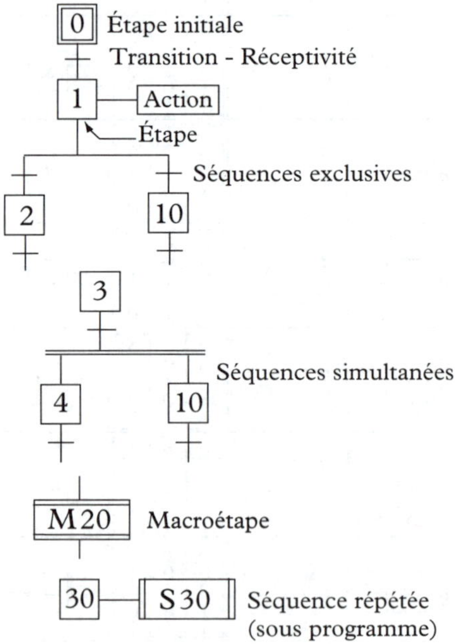

Représentation graphique d'une commande au pupitre

Bouton Poussoir (BP)

Arrêt d'urgence (AU)

Marche/Arrêt (ON-OFF)

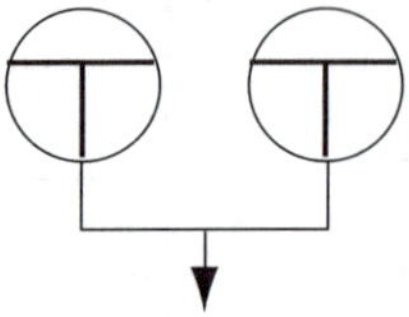

Commande bi-manuelle (CBM)

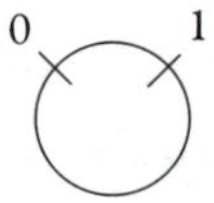

Interrupteur rotatif à 2 positions

Interrupteur rotatif à 3 positions

Voyant PN

8 Sigles utilisés en automatismes

Abréviations	*Signification*
AC	Courant alternatif
API	Automate Programmable Industriel
SAP	Système Automatisé de Production
PO	Partie Opérative
PC	Partie Commande
PR	Partie Relation
GRAFCET	Graf. Commande - Étape - Transition
GEMMA	Guide Étude Mode Marche-Arrêt
TOR	Tout ou Rien
EC	Établissement de Circuit
CC	Coupure de Circuit
ILS	Interrupteur Lame Souple
PN	Pneumatique
HYD	Hydraulique

Unités et Grandeurs

p	pression en bar
F	Force en daN
S	Section en cm^2
P	Puissance
Q	Débit
v	vitesse
VDE	Vérin Double Effet
VSE	Vérin Simple Effet

Rappel sur le calcul des Ø de vérin

$$S = \frac{F\ (daN)}{0{,}5 \cdot p\ (bar)} \qquad \underset{cm^2}{S} = \frac{\pi \cdot d^2}{4} \quad \Rightarrow \quad \underset{(cm)}{d} = \sqrt{\frac{S}{0{,}785}}$$

0,5 = Taux de charge.

18 MATÉRIEL DIDACTIQUE

1 Banc électro-pneumatique (société CTH)

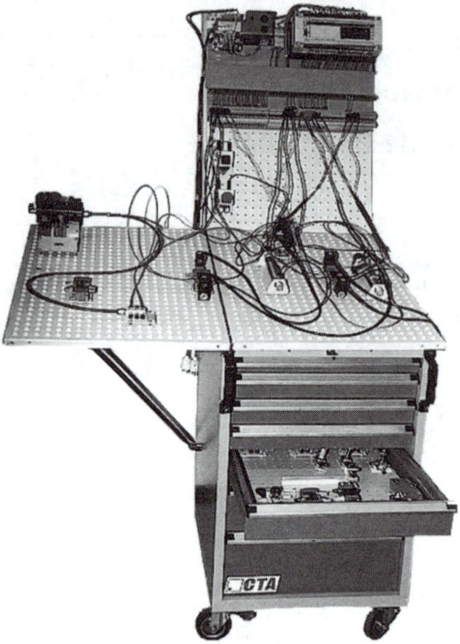

Pupitre Didactique Électro-Pneumatique

Mis au point en collaboration avec des enseignants, ce banc est destiné à un usage polyvalent.

La largeur étudiée du banc permet un tranfert facile d'une salle de cours à l'autre.

Tous les composants sont des composants industriels montés sur plaques indexables dans les panneaux à douilles.

Caractéristiques

Hauteur maxi :	1 830 mm
Largeur en position travail :	1 650 mm
Largeur en position transport :	660 mm
Profondeur :	1 100 mm
Poids :	95 kg
Alimentation air comprimé :	3 bar mini
Raccordement :	1/4 G
Alimentation électrique monophasée :	220V50Hz

FACILITÉ D'INTERACTION ENTRE LES DIFFÉRENTS INTERVENANTS

Partie OPÉRATIVE	Partie COMMANDE	Partie ÉLECTROTECHNIQUE
- Étude des différents types d'actionneurs. - Tests d'intégration sur ces actionneurs. - Présentation et mise en œuvre des différents modes de marche et d'arrêt. - Étude et mise en œuvre de la technique du vide. - Présentation et mise en œuvre des différents accessoires de la connexion pneumatique et électro-pneumatique.	- Programmation de l'automate. - Mise en œuvre immédiate et contrôle d'un programme automate. - Étude et mise en œuvre des différents capteurs. - Étude et mise en œuvre des différents types de détecteurs (inductifs, capacitifs, opto-électroniques). - Mise en œuvre d'automatismes pneumatiques de commande.	- Étude des sécurités câblées. - Alimentation et protection de l'automate. - Interfaçage. - Raccordement des E/S. - Tests d'intégration des préactionneurs.

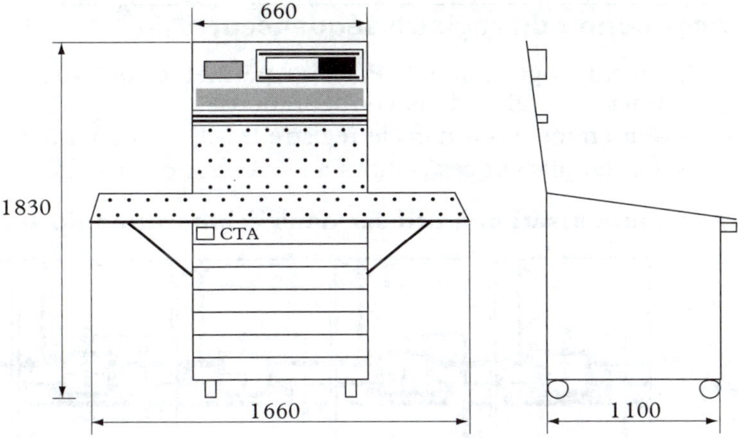

Les applications

1. Étude des transmissions pneumatiques au travers des éléments de puissance
- 5 vérins double effet, 1 vérin sans tige, 1 unité rotative 1/4 de tour.
- Distributeurs de puissance à commande électrique, pneumatique et manuelle.
- Des distributeurs de pilotage à commande manuelle ou électrique.
- Des organes de régulation de pression et de débit.
- Temporisateur pneumatique.
- Des capteurs de position.

2. Étude des capteurs
- Capteurs, fin de course vérin, à galet à sortie électrique, à galet à signal pneumatique.
- Pressostat.
- Capteur de proximité à jet d'air avec son amplificateur.
- Capteurs inductif, capacitif et opto-électronique.

3. Étude des organes de maintenance et de sécurité sur un circuit pneumatique
- Groupe complet de traitement de l'air.
- Unité de sectionnement à commande électrique et unité de remise en pression lente.
- Arrêt d'urgence.

4. Influence de la pression et du débit sur les récepteurs
- Charge tirante attelée sur un vérin.
- Limiteurs de débit ou régulateur de pression reliés à un récepteur de grande capacité.

5. Technologie du vide
- 3 modèles de ventouse.
- 1 économiseur d'air à montée sur ventouse.
- 2 modèles de générateur de vide.

6. Mise en œuvre de l'automatisme
Le pré-câblage de l'automate, le nombre suffisant de récepteurs, de distributeurs et de capteurs de fin de course permettent la réalisation rapide d'ensembles câblés et tuyautés soit pour visualiser une application liée à un programme automate en travaux pratiques, soit pour tester un sous-ensemble de projet industriel.

CTA 51, rue Saint-Gabriel - 59800 Lille - Tél. 20 06 05 60.

2 Construction du registre séquenceur

La technologie Climax « Polylog » permet la construction du registre séquenceur selon deux configurations.

- Soit en intégrant dans le registre les cellules d'entrée et de sortie.
- Soit en plaçant ces cellules à l'extérieur du registre.

Schématisation à utiliser dans l'élaboration du séquenceur

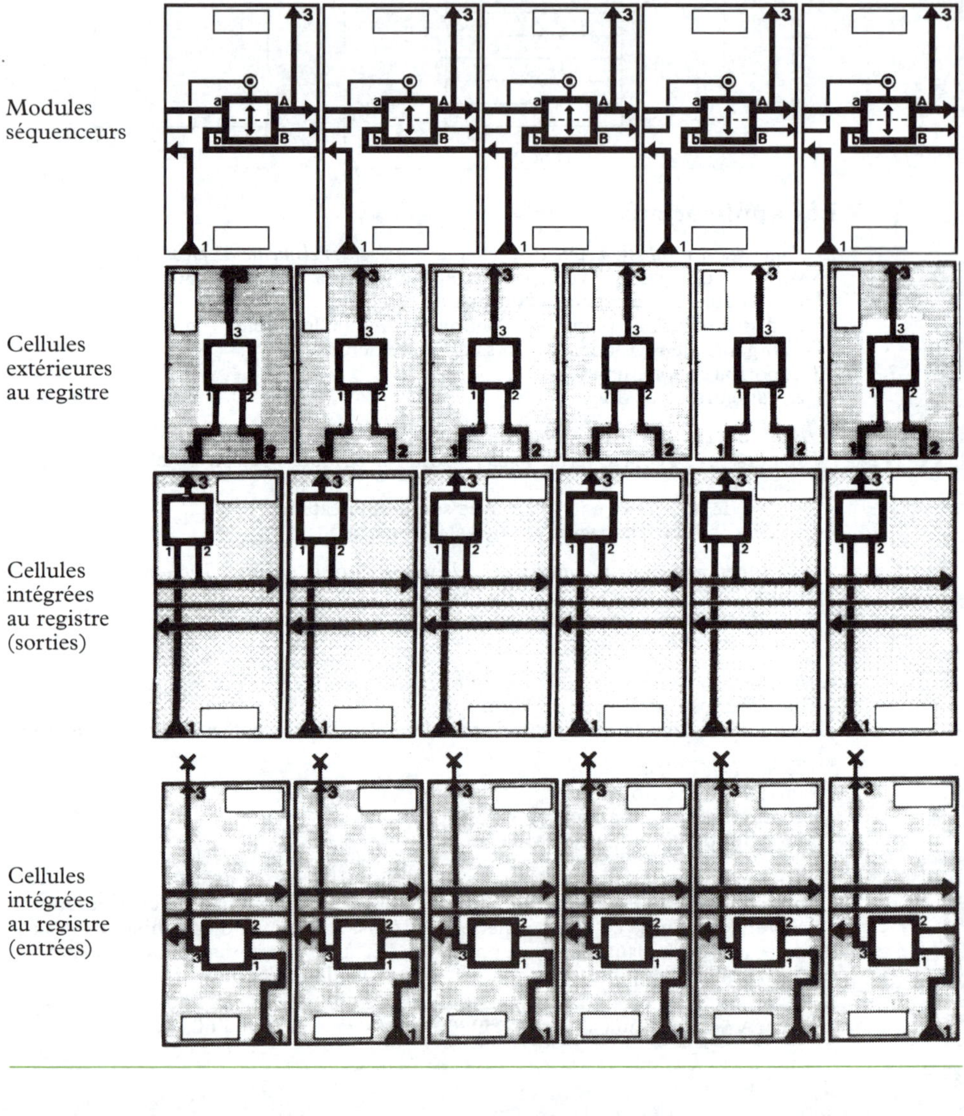

Nomenclature des TP proposés

N°	TP	Chapitre	Page	GRAFCET	GEMMA	Schéma	Combinatoire	Séquenceur	Automate
1	Poste de peinture	6	37	oui	non	XX	XX	non	non
2	Perçage automatique de pièces cylindriques	7	40	oui	non	XX	non	XX	XX
3	Sertissage automatique de pièces	7	44	XX	non	non	non	non	non
4	Conditionnement de produits dangereux	7	44	XX	non	XX	non	XX	non
5	Mise en forme et perçage de pièces	8	51	oui	XX	XX	non	XX	XX
6	Remplissage - Fermeture - Contrôle de bouteilles	8	57	XX	XX	XX	non	XX	XX
7	Tri automatique de caisses	8	59	XX	XX	XX	non	XX	XX
8	Découpe d'un trou carré sur une pièce	9	63	oui	non	oui	oui	oui	non
9	Sertissage automatique de pièces	9	65	oui	XX	oui	non	oui	XX
10	Cycle en L	10	71	oui	non	oui	XX	XX	non
11	Convoyage et tri de caisses	10	72	XX	XX	XX	non	XX	XX
12	Mise en carton de bouteilles	14	100	XX	XX	XX	non	XX	XX
13	Pliage d'une pièce en deux étapes	15	107	oui	oui	XX	non	XX	XX
14	Système de transfert de bouteilles	15	112	XX	XX	XX	non	non	XX

Le transfert de TP entre registre séquenceur et automate est possible en adaptant bien sûr les énergies électriques ou PN au mode de commande.

Note : oui → le travail est déjà réalisé dans le TP
non → le travail n'est pas compatible avec le TP proposé
XX → le travail peut être réalisé et reste à faire.

Pour réaliser ces TP, prévoir sur les simulateurs :

Puissance :
- Vérins DE Ø 25 ou 32 mm.
- Distributeurs 5/2 bistables. C^{md} PN ou électrique.
- Capteurs magnétiques ou PN 3/2 NF.
- Boutons MA électriques ou PN.
- Cellules ET - OU - Mémoire bistable.
- FRL avec vanne d'isolation.

Commande :
- Automate programmable industriel
ou
- Modules séquenceurs.

Adresses des principaux fabricants d'automates et de matériel d'automatisation

TÉLÉMÉCANIQUE : (Groupe Schneider)	5, rue Nadar 92566 Rueil-Malmaison Cedex Tél. (1) 41 29 82 00
CÉGÉLEC :	9, rue Ampère F 91345 Massy Cedex Tél. (1) 60 13 40 45
JOUCOMATIC :	Matériel d'automatisation 32, avenue Albert 1er - BP 312 92506 Rueil-Malmaison Cedex Tél. (1) 47 14 32 00
CPOAC/BOSCH :	BP 37 - Z.I. Les Fourmis F 74131 Bonneville Cedex
FESTO :	5, rue Montgolfier 93116 Rosny-sous-Bois Cedex Tél. (1) 49 35 23 23
CROUZET :	Division Crouzet composants d'Automatismes Buroparc 16, rue de la Maison-Rouge BP 144 - Lognes 77315 Marnes-la-Vallée Cedex 02 Tél. (1) 60 17 53 53

Concepteur de logiciel de programmation (AUTOMGEN)

IRAI :	(Innovation Recherche Automatisme Informatique) 11, rue des Églantiers 30110 La Grande-Combe Tél. 66 54 91 30

L'auteur remercie les sociétés qui ont prêté leurs concours à la réalisation de cet ouvrage. Parmi ces sociétés, citons : le groupe R. Bosch, Télémécanique, Climax, Cégélec.

Un merci particulier à C. Warnier, technico-commercial de la Société des Comptoirs Techniques des Automatismes (CTA Lille et Amiens) dépositaire de la marque Bosch, pour les aides techniques apportées à la réalisation de cet ouvrage.

Du même auteur :

- *Hydraulique industrielle*
- *Pneumatique industrielle*
- Références : *Génie mécanique - Automatismes industriels.*

Édition : Agnès Fieux
Fabrication : Jacques Lannoy
Maquette : Studio Primart

N° d'Éditeur : 10031626 - (I) - 5,2 - (OSBT) - 80° - JPM - Janvier 1996
Imprimerie Jean-Lamour, 54320 Maxéville - N° 96020044